建筑大家谈

张镈 等 著

杨永生 主编

建筑师的修养

中国建筑工业出版社
中国城市出版社

出版前言

　　近现代以来，梁思成、杨廷宝、童寯等一代代建筑师筚路蓝缕，用他们的智慧和实践，亲历并促进了我国建筑设计事业的启动、发展、转型和创新，对中国建筑设计和理论的发展作出了杰出贡献。

　　改革开放以后，西方建筑理论思潮纷纷引入我国，建筑理论、建筑文化空前发展，建筑设计界呈现"百花齐放"的盛景，孕育了一批著名建筑师和建筑理论家。

　　为纪念这些著名建筑师和建筑理论家，记录不同历史时代建筑设计的思潮，我社将20世纪90年代杨永生主编的"建筑文库"丛书进行重新校勘和设计，并命名为"建筑大家谈"丛书。丛书首批选择了梁思成、杨廷宝、童寯、张开济、张镈、罗小未等建筑大家的经典著作:《拙匠随笔》《杨廷宝谈建筑》《最后的论述》《现代建筑奠基人》《建筑师的修养》《建筑一家言》。所选图书篇幅短小精悍、内容深入浅出,兼具思想性、学术性和普及性。

本丛书旨在记录这些建筑大家所经历的时代,让新一代建筑师了解这些建筑大家的学识与风采,以及他们在面对中国建筑新的发展道路时的探索与思考,进而为当代中国建筑设计发展转型提供启发与指引。

中国建筑工业出版社

中国城市出版社

2024年4月

编者的话

十多年前，当我们创办《建筑师》丛刊的时候，许多人对建筑师这一职业还感到陌生，甚至还有人不赞成用"建筑师"来作刊名。那时，把建筑师归入工程师的行列。现在不同了，建筑师被社会公认了。

既然建筑师不等于工程师，那么作为一名建筑师应该具备哪些素养呢？现在，大家的认识还不尽相同，许多青年建筑师为此感到困惑。

建筑师的素质决定着建筑设计的水平。而建筑设计水平不仅关系到城市的面貌，也关系到人们的生产活动和日常生活。

念及于此，编者特邀一些著名建筑师和教授根据自己多年从事建筑设计的经验和体会，从不同的角度、不同的侧面，撰写专稿，阐述建筑师的修养问题，并汇编此专册，供建筑界同行和大专院校师生参阅。

应邀为本书撰稿的有老一辈著名建筑师张镈、莫伯治、徐尚志、赵冬日，还有在建筑设计上卓有成就的新一代建筑师和教授戴复东、齐康、钟训正、彭一刚、聂兰生（女）、张锦秋（女）、赖聚奎。

杨永生

1991年10月

目录

改革开放深入，
建筑师修养新体会

张镈

1982年，我在《建筑师》丛刊第12期上发表过《从回忆中思考建筑师的修养》一文。当时，建筑师所在单位一般都属事业单位性质，并开始向企业经营过渡，走向优胜劣汰，自负盈亏的道路，逐步由官商转为卖方市场。此后，丙级设计单位大量出现。甲、乙、丙三级设计事务所在京已超过260个。经过治理、整顿、合并之后，甲、乙级建筑设计单位尚有140多个，比重各占50%左右。

单位增多，竞争激烈，八仙过海，各显其能。优点是，甲方变为买方市场，可以采取竞赛方式，

张镈，1934年毕业于中央大学建筑系，北京市建筑设计研究院总建筑师。

经过评审，择优录取，促进提高创作水平。问题是，个别单位为了迎合甲方种种不合理要求，忽视人民建筑师为人民服务的基本职能和责任。个别建筑师，自认才华出众，只顾表现个人意志，以曲高和寡自许，一度出现在平面构图上搞几何游戏，在立面造型上，标新立异，乱用高贵材料。这就势必脱离政策，脱离国情，脱离功能，脱离实际。

20世纪80年代初，在一次中美合资建设高级宾馆群的谈判中，外商财团以"钱"为首；其次是会计师，专门算账；第三是律师，按法律条款来保护资方利益；第四才是建筑师，且必须在前三者约束下发挥聪明才智，根本谈不上以建筑师的个人意志为转移。近年来，合资项目还增加了项目负责人，中外双方的设计单位都要受他的制约。这类项目的建设投资较大。在分成比例上，土建、机电、装修等三者几乎各占三分之一。外商多数要插手土建的方案设计。在具体工作中，把有关抗震的结构专业交给我方负责。机、电、空调、运送、信息系统等的加工完货大权，操在外商手中。在内部装修上则完全包走。所谓中外合作的内容我方仅在技术设计和施工图上作结构、机电的助手而已。我方付出设计图纸上的繁重劳动和现场的监督检查，能分得全部设计费之25%～35%已属不易。合资项目的设计费，不受国内规定的限制，多数在4%～6%之间。但外国建筑师除主持方案设计之外，其余几大项目，均由水、电和装修专行承包代办。因此，建筑师的工作量和我国设计院的建筑师，有极大的区别。这是资本主义建筑师事务所的特点之一。换言之，只要登记为开业的建筑师，可以不必设置结构、设备、电气、概算专业人员，即可开业运行。

我国的社会主义制度，土地国有，建设任务按经济计划下达。大量建设属于全民单位和集体所有制机构。私人项目，比重渺小。这个特点，首先为城乡规划创造了极为有利的条件。新中国成立初期，首都北京，先成立了"都市计划委员会"，研究了总体规划，确定了以旧城为中心，逐步向外发展的设想。1956年，成立了"北京规划委员会"进行了周密的调查研究，确定性质规模。对道路系统，功能分区，土地使用，河湖系统、园林绿化、市政、交通以及相应的基础工程设施，提出初步设想。1958年由市委刘仁同志向毛主席、党中央汇报，得到肯定。新的城乡建设，已按这个规划结构进行建设。北京已有3000多年历史，历朝建都也有800多年。故都的规划、文物已属驰名世界的瑰宝。80年代初期，国务院对首都报审的总图，给以批复，提出十点具体要求。规划、设计管理部门，已有准绳。提出"故都风貌，现代城市"的号召之后，市规划局与文物局紧密合作，对旧城的分区控制高度，对重点文物划出分级保护圈。前提是为城市设计和个体建筑设计提出严格的制约。现代城市的标志之一，是在干道红线之内设有"两气（煤气、热力），两电（电力、电讯），四水（上水、下水、雨水和中水）"的地下管线走廊。标志之二，是在地上和地下的交通组织，是比较深厚的行道树和与分散集团式相结合的大片绿化、公园等覆盖率。任何个体设计都不能离开环境、现状等对它的特殊要求。因此，在个体设计的指导思想上，不应该也不允许孤芳自赏，不顾环境、整体。

我国的设计单位从性质上说，不同于资本主义社会中的建筑师事务所。国外称建筑师、律师和医师等为自由职业。小的类似皮包公司，一位建筑师可以自拉、自唱，创造方案，以取得甲方欣赏、录用。大量的专业综合技术，多数靠水、电行厂商代办。大的事务所，偶尔有专业专家配备，但专业组员很少，仍靠水、电行厂商承包、代办，基本上以建筑专业人员为主。新中国成立之前，我国的建筑师事务所也是如此。

我国的设计单位，无论是甲、乙、丙级，都有法人代表。从专业技术综合到概算都必须面面俱到。较大的设计单位还设有研究室、情报室、电脑计算运用室。一般项目的工程主持人以建筑专业为主，经过与多专业集体洽谈才能得出结论，比较自觉、全面。

由此可见，在社会主义中国做建筑师，应该自觉地认识到，从城乡规划到个体设计都是自然科学和社会科学的高度综合。运用科学、技术的知识，在个体设计中至少要有五个专业方面的知识，能够比较客观地统一它们之间的矛盾。在两个文明建设和三个效益的完善上，应有全面的收获。为此，必须尊重规划。熟悉交通、市政、绿化、环保、节能、节水、节地、竖向和市容、风貌的全面要求。不能只顾建设红线内的个体而不顾及其他。这是对人民建筑师的要求。尤其是不少老一代的无产阶级革命家一再强调，在规划设计中，首先要重视经济观念。要"以人为主，物为人用"。这就要求人民建筑师必须具备全心全意为人民服务的思想。有了以上这些感想，再度修改我1982年文章中的体会、观点。

对人民建筑师的修养有如下十点新的体会。

（一）贯彻党的方针政策，以人为主，物为人用

外商为追求最大利润，以钱、账、法为主，来约束建筑师陷入铺张、浪费的泥坑。我国人多、地少、产值不高、物力不丰，党一向主张要勤俭建国，要自力更生，要节地、节水、节电、节能，力争做到少花钱，多办事。政策观念必须深入人民建筑师之心，做到自觉。

周恩来总理于1958年10月14日批准了天安门广场规划和人民大会堂的竞赛方案。这个决定是从形式到内容出发的，是适应当时和发展需要的决策。经过33年的实践检验，证明了这一点。但是，当时不少专家、学者认为是大而无当、比例失调，形式风格有师法"西而古"之嫌。书面、口头意见，纷至沓来，莫衷一是。周总理虚心听取意见，及时召集专家会议。他首先强调安全、防灾，然后针对不同意见作出分析、指示。事后，我归纳总理的讲

话，分为五点。一是按党的方针政策办事。但是对这项政治性要求高的规划和设计，要有"好"社会主义之大，"急"社会主义之功的气魄。一定要做到大而有当，适应政治性活动之需，要做到形式与内容的统一。二是劳动人民翻身做了国家的主人，从精神到物质上都要做到以人为主，物为人用。必须知物的性能，充分发挥它的能量和作用，但不能陷入机械唯物论，成为拜物教的信徒。三是在艺术、形式、风格上应该承认历代劳动人民的聪明、才智的结晶都有其可取、可学的精华。不能只囿于狭隘的地方主义、民族主义的圈子之内。东西方的文化有过互相交流、互相渗透的现象。应该本着"中、外、古、今，一切精华，兼包并蓄，皆为我用"的精神来创造"中而新"的艺术风格。周总理还说"柱廊的石柱象征着力量。这种手法在我国传统建筑上也是屡见不鲜的。关键在于细部处理手法的异同"。又说，"以后的大型公共建筑很多，专家、学者们还可以有大量大显身手之处"。四是应该承认，群众是真正的英雄这一真理，只有充分发动群众，认真依靠群众，通过集思广益，集中优点，克服缺点，才能取得胜利。五是对待这件史无前例的规划设计任务，要求做到高质量、高速度、高艺术，要在270天之内完成方案竞赛，全部设计，机电设备先进，内容复杂多样；包括供料、施工、绿化、陈设以及市政、铺装等一次竣工，要留有充分的余地。这的确类似一篇大块的文章，不要想一次把文章作绝。要在战略上藐视困难，充分发挥敢想、敢说、敢干的精神，又要在战术上重视每个环节的困难。一定要按严肃、严格、严密的精神处理每个具体问题。人民大会堂的规模已达171800平方米，体积高达1600000立方米；结构按七级地震设防；内部的通风、换气、空调和运送系统等现代化设备俱全。规模超过了故宫140000平方米，质量标准已经大有提高。在工期短、质量高、供料急、工作面小的情况下，不要求三个组成部分一次投产，只要求万人礼堂和五千人宴会厅能为庆祝十周年国庆时完成政治

任务即可。党的关心爱护更激发了群众的积极性和
创造性，终于如期完成任务。党的领导和群众路线
威力无穷。

（二）端正立场、观点、方法，改造世界观。坚决走具有中国特色的社会主义道路

毛主席早在1942年的延安文艺座谈会上，对文艺工作者就指出两条：一是为什么人的问题，是个根本的问题；二是创作的源泉，来自生活、实际，不是个人冥思苦想的"灵感"。这两句名言，对建筑师的创作过程，同样适用。

人民建筑师必须全心全意为人民服务，对人民负责。为此，必须改造自己的世界观和人生观。只有先改造了自己的主观世界，才有可能比较正确的改造客观世界。自觉地树立起与劳动人民共命运、同呼吸的思想、感情和爱好，才能深入生活、深入

实际、深入政策，作好调查研究。经过"两去两由"（去粗取精，去伪存真，由此及彼，由表及里）的提炼，取得创作的源泉。

建筑创作，在为人民服务的内容上与文艺创作有类似之处，应以人为主。但是建筑物是有形、有体、有神的实体；是要耗费大量人力、物力、财力的；有反映时代、代表历史的特点；内部功能要求错综复杂；各种专业技术矛盾重重；外部形式风格还应表达出中国的社会主义的特征。各方面充满着各种矛盾。如何做到以人为主、物为人用，是比文艺创作的局限性更大、更多一些。

立场站稳，具备劳动人民的思想感情，但光有朴素的感情还是不够的。在观点和思想方法上，至少应学习辩证唯物主义，历史唯物主义。首先，应该学习《矛盾论》《实践论》，尊重认识论，克服先验论，力争减少盲目性、主观性、片面性、表面性。

有了正确的思想方法，初步掌握了揭示矛盾、分析矛盾、统一矛盾的武器还是不够的。千万不能忘记"群众是真正的英雄，而自己则往往是幼稚可笑的"这一真理的提示，不要忘了"熟视无睹"的古语，更不能不重视"挂一漏万"的警句。当局者迷，旁观者清，古有明训。建筑师主持方案时，除了正确安排功能分区，使人们各得其所之外，还要善于组织各专业技术的综合统一。不依靠集体，必将一事无成。

如何在功能和形式上走中国特色的社会主义道路，是个问题。功能安排上以人为主，比较容易。形式、风格上如何体现地方、民族特点则是一件有争议的大事。梁思成教授把建筑形式分为四等。"一是中而新，二是西而新，三是中而古，四是西而古"。我认为这四点简而明的概括十分精辟。周总理在专家会议上说过，历史上我国与波斯、印度有过文化交流，互相渗透的先例不少。总理和彭真同志还讲过画菩萨的故事，菩萨早期形象是印度人，还有两撇胡子。画家张画于市，幕后听取评语。反复修改，成为现形。经过群众评议，产生中外渗透，融为一体的佳作。中而古只能是极个别的需要。

中国传统的古建筑，无论是大式或小式，在世界建筑史上独树一帜，大放异彩，是中华民族的骄傲，是中国劳动祖先在文化、艺术、审美、爱好修养上产生的手法，不宜简单否定，不应割断历史，更不能数典忘祖，崇洋媚外。还是毛主席说的对，"古为今用，洋为中用，推陈出新"，关键是推什么陈、出什么新。

（三）因地制宜，分清时间、条件、地点。狠抓钱、账、法、人、房、产、地

建筑师构思之前，必须分清不同任务来源的时间、条件、地点，应能做到因时、因势、因地制宜。60年代初期，住宅建设尚未纳入统建范围。不少单位选用当年的通用图纸，仅建设了组团建筑群的局部。两三年后续建时，通用图变样、建筑师易手。为了简化工作量，不考虑客观存在，任意插建

新图、新式、新色、新顶的通用图。甚至坡顶、平顶并列，层数、层高不同，外墙饰面两样，也无所顾忌。换言之，一个和尚念一本经，互不协调，破坏整体，在所不惜。

在大型公共建筑上，同样也有不论时间、条件、地点和现状的存在，各自为政、宾主不分，各自强调自己的体型、轴线，互不搭配。

建筑物在土建的寿命上，号称百年大计。只要抗震度强，安全系数够，百年是易事。但是水暖、卫生管线和强、弱电线路寿命较短，基本上在20年左右要更新一次，不能不为维修、更新创造条件。尤其是每栋建筑在面积、定额、质量、标准上都有从近期出发，适当照顾向远景过渡的要求。城乡按规划发展的前景也不能忽视。这就要求建筑师立足于从目前的时间、条件、地点出发，考虑到远景过渡。

经济观念必须深入建筑师之心。一次投资的"钱"，不能只管个体建筑的投资，而不计算与之相配套的投资。应从竣工、投产的决算出发来做概算。同时还要考虑维修和折旧的系数。建筑师应替国家当家作主、量入为出。这是"钱"。

我国对民用建筑基本上列入非生产性建筑，对不同对象分别有面积、定额、质量、标准的限制，基本上载入单项的计划任务书之内。但是，越是重点的建筑，越是控制不严。这和我国不习惯于事前研究"可行性"的前期工作有关。这类项目，来得急、限期短、要求高；这就更需要建筑师自觉地来算经济账了。我认为，无论任务多急、多高，首先离不开与同类建筑在面积定额上的比较，离不开勤俭建国的方针，而乱用珍贵、价昂的材料，任意提高机、电、空调、运送、信息、电脑的水平。其次，不应该把自己的奢望与甲方的本位主义思想，一拍即合，起推波助澜的作用。仅以高级宾馆为例。国家规定，甲级按80m^2/间计，乙级按72m^2/间计，丙级按68m^2/间以下计。这个限额是包括相应的汽车库、锅炉房等设施在内的。而客房的标准层的限额是从33到40m^2/间计算的。我认为，限额合理，还本付息的回收有望，就是若干中外合资的旅游宾馆也不过如此。个别外商为追求最大利润，不为工作人员创造休息饮食和机电维修工人的必要场所，使总面积降至60多m^2/间，这是无视我国劳动人民的另一个倾向，不足为训。但是，从全国评选的类似设计来看，却是超标者多。这是一个值得重视的倾向。因此，我觉得建筑师还要向会计师学习，要学会算账。

法律知识、法规限制必须遵守。我认为规范、防火、防灾的限制，绝不允许突破。近年来，美国名建筑师"波特曼"的三件法宝在国内相当泛滥。一是大空间的四季厅或称为中庭，二是玻璃观景电梯，三是顶层的旋转餐厅。作为旅游宾馆，只要面积不超标，还说得过去。学时髦嘛！但是作科技馆、博物馆则有些不伦不类，有点过分。这里有三点因限制不严而得到泛滥。一是只算面积，不算体积，二是防火规范控制不严，三是不计算大空间采暖、防寒、保温的耗能。建筑师如算算账，就会不算不知道，一算吓一跳了。

我在首都工作，有一定的感性知识。水利专家认为北京历代缺水。现代化的工农业生产和先进的基础工程设施耗水量大，蓄供的水库量有限、地下水大量降低，无水则将面临迁都的危险。这的确是一个严重的问题。但是我觉得土地比水更为重要。水，可引黄入京，有了钱就能办得到。但是，土地是长不出来的，用多少钱也拉不开、长不大。国家号召全民重视我国人多地少的危险前景。人民一要吃饭，二要建设。人口日益增长，建设规模增大。如何充分利用土地、节约土地已迫在眉睫之上。

仅以北京市来说，总图规定居住建设用地已基本用完。北京市人代会早已提出有40万困难户存在。四年来建了近1800万平方米，可容30万户。但是由于人口的两个增长率的存在，到四年后的今天还是有40万困难户存在。这是促使市政府要在城近郊区加快危房改造步伐的客观因素。

为了维护故都风貌，城区对重点文物，分区限制高度是正确的和必要的。在规划条件上拟适当放松。但人口毛密度希望能达到700人/公顷，每人用地约在14.28～15.00m²。40万户相当140万人。用地按15m²/人计，约需21平方公里。

40万困难户主要来自城区和老拆建区的危、急、漏平房。过去在城区建房占地，每公顷约迁出120户左右。远郊区的周转房按市价约需10万元/户，合12,000,000元/公顷，相当1200元/m²。这是按拆迁法的住得下、分得开办理的标准。这次，大规模的危房改造与"房改"相结合，把国家负担改为国家、集体和个人三方面共同负担。

事实再次说明土地资源的匮乏是问题的关键。为此，在新的规划设计住宅小区中，必须先算清人、户、房、地以及配套项目的大账。同时对绿化、交通和基础工程以及城市设计等，作到齐头并进。现在是由市属八个区的区委和区政府全面负责。如何节约土地，招募开发对象，以取得经济平衡，成为矛盾的焦点。

（四）群众路线，技术民主，可求同存异。集思广益，互相借鉴，可异途同归

30年代初，我在东北大学建筑系学习时，设计课沿袭美国宾夕法尼亚的师带徒的学制。设计课不随年级走。按上、中、次奖评分。优者提前升级，劣者到四年级不能毕业。我在一年级下半年，得两个优等奖，提前做二年级设计。老师分别带各班同学若干名，是师带徒制。老师评图时闭门争论，评语尖酸刻薄，更甚于文人相轻。新中国成立后，似有改进。但建筑师轻易否定别人作品的积习，仍习以为常。

杨廷宝教授在事务所中是我的严师。他留美学习期间，得过五次金奖。关键之一是在设计课上一丝不苟，循规蹈矩，勤奋作业。画图不加班，交图不误点，发题先上板。一般同学交图前加班加点，交图后外出狂欢，发题后无人上板。各师到班，别徒不来，集中为杨师指点。所以，杨师能集各师之长。

我有幸被指定为总建筑师，参加并主持人民大会堂的现场设计。中选方案是敢想、敢说、敢干的典型。解除我的顾虑，克服了个人偏爱。兢兢业业地以严格、严密、严肃的三严态度，对待具体工作。采取上靠领导，中靠分部，下靠各专业负责人。按技术民主、共同揭示矛盾，分析矛盾、统一矛盾的办法，互相切磋，很快得出比较方案的结果。先克服了主观性、片面性和表面性的缺点，不孤芳自赏，不盲目从众，真正得到了集思广益、异途同归的效果。

（五）学习国家宪法、熟习地方法规。遵守规划规范，重视生态平衡

我们是讲民主、法治的社会主义国家。各行各业、各族人民都必须学习宪法，不做法盲。我参加的北京市人大常委会是市人代会的常设机构。经常讨论议案和地方性的立法，如拆迁法、规划法、土

地法、环保法、绿化法、交通法、诉讼法、合资法等。跟着形势的发展，不断完善地方性法规。建筑师不能是法盲。

规划是城乡建设的龙头。建筑师首先必须学习、了解、掌握总体规划在交通上的道路、桥梁、立交系统，重视路口的特殊要求。它已经起着制约任何个体建筑的出入路线和建筑物的主要出入口的方向、位置等作用。其次是功能分区。八个市区各有侧重，大的分工是"西"设重工业区，"东"设轻工业区，"南"以化工为主，"北"为科技、文教、运动中心。城区含四个区，作为政治中心和文化中心的所在地。这里是历史名城、故都北京的中心地区。它不只是北京行政区16800平方公里的中心，也是全国各省、市、自治区的心脏所在之地。因此，在这个范围里作任何个体设计，在功能和形式上都不能忘掉首都的身份，不能不考虑已有的功能分区特点。第三是土地使用的严峻的问题。前边已经说过，作任何性质的设计，都不能忽视人、户、房、地的大账，必须因地制宜节约每一寸土地。重视每栋建筑设计的房、地比和容积率。

故都北京旧城原有围城的护城河。从河中线计算65平方公里。填河、拆城之后，以城基作为二环路，从其中线计已降为62平方公里。一环路原来定为由新街口经西四、西单、南至菜市口作为一环西侧路。由菜市口至蒜市口为一环南路。蒜市口北上至北新桥为东一环侧路。北新桥西折至新街口是为北一环路。这个一环路完全在旧城62平方公里之内。新中国成立初期，设4路公共汽车环行，已能满足人民的需要。而故都文物的精华，紫禁城、故宫的中轴线文物，北起钟鼓楼，南至天坛北，已串连在一起。在人民生活上已经把内、外城连成一体。新中国成立前，东、西城串亲、购物，靠马车、人力车作为交通工具，动辄需一日之功才能往返一次。初期4路公共汽车已是大大地提高速度了。到了1990年在京召开亚运会时，不但三环路基本建成，而四环路也基本打通。1991年的西厢工程竣工后，首都北京的四条环路，基本形成。四条斜向的放射路经远郊区而到各省，有的已配备了封闭式的快速公路。中央"批复"的总图，用地范围为750平方公里、750/62等于旧城区的12.10倍，不为不大。但是在生产、生活和第三产业急剧发展的形势下，在乡镇企业遍地开花的情况下，北京的用地规模还是十分紧张。前面已经说过的，仅解决40万困难户，在加大人口密度、压缩建设用地的情况下，至少还要21平方公里。再加上为了保持首都的生态平衡，大量绿化和提高环保质量尚待扩充土地。因此，城市建设用地仍十分紧张。

首都是文物荟萃的地方，尤其是驰名中外的规划布局和宫殿坛庙建筑艺术，可说是人类的杰作、世间的瑰宝。从一环路内的东西长安街上来看文物，是比较低、矮和横向舒展的效果。为了保护这个独特的艺术风格，在周围环境上分区控制新建筑物的高度是必要的。登景山、俯瞰紫禁城周围是大片单层住房，树冠伸出灰瓦屋面之上，形成一大片灰绿色的海洋，烘托出中轴线上，尺度较大，黄瓦、红墙、玉石栏杆等文物的色彩绚丽、轮廓丰富的特点。因此限高由3米、6米、9米逐步放到12米、15米是十分正确的。到一环路边一般为18米，二环两侧可到45米左右。只有这样才能保证重点文物不为现代建筑的体量、形式所破坏。建筑师在保护圈范围内作设计必须十分精心。

（六）熟悉古今中外建筑史，分清精华与糟粕。不忘"古为今用，洋为中用，推陈出新"

不同的社会，不同的民族，产生不同杰出的建筑物产品。它们代表了时代，反映了历史，我们对待历史上的杰作，要用历史唯物主义的观点去作分析。对人、对物、对手法、对爱好，对产生这样风格的全过程和细腻的特点予以全面的学习、掌握，才能上升到取舍的境地。不能来个简单的否定，不能借口过时了而予以推翻。我认为"学院派"总结、归纳的模数制是经过精心推敲而来的。我国宋朝李明仲写的"营造法式"把木材按"材"，"絜"分为八个等级。换言之，用八种不同尺寸的构件就能组合成"出檐深远、反宇向阳、升斗粗壮、柱枋适当、台檐呼应"的整体效果。清式营造则例以斗口为据，为各种构、配件在长、宽、高的比例尺度上，提供了预制的条件。50年代，我们向苏联的装配式建筑学习，同样构件，反转使用须另编型号，相当复杂、繁琐。成本未能降低，不可取。

说人家是"复古主义者"的人，不一定真正了解古建筑的精华与糟粕，甚至不了解我们劳动人民祖先在感情、爱好和习以为常的手法。

强调洋为中用的人，不一定认清了洋技术、材料的精华与糟粕，不了解洋人作设计也不都是技术、材料决定了异途同归的国际式。个别人还提过"新为新用"。什么是技术、材料之新。什么是艺术、形式、风格之新。什么是中国社会主义之新，不是说不清楚，就是闭口不谈。

双百方针是促进文艺创作的有效政策。在建筑艺术创作上，也同样有效。从历史上看，在晚期文艺复兴，开始进入资本主义社会之前，历代建筑艺术风格的形成都在二三百年左右。说明各有一个兴起、盛世和衰退的时期。到了资本主义社会初期，经过"巴洛克""包豪斯"，和从近代多位有名的大师的创作实物来看，迄今也有二百多年的历史。经过"新古典""方匣子""玻璃匣子"到"后现代"的思古符号做法，也是莫衷一是的。新中国成立以来，我国建筑创作历史不长，但也经过"学苏""民族形式、社会主义内容""折衷""复古"以至到了方盒子、玻璃幕墙到处泛滥，也是五花八门，莫衷一是。至少有一条批评，是来自外国首脑访问之后提出来的意见，比较尖锐。那就是看不出首都北京的新建筑有什么中国的特点。相反，向国际式靠拢的趋势，正在发展。从电视广播上放出我的东北大学老校长张学良少帅对日本记者的谈话，使我相当佩服。他说，日本过去用军事侵略中国，目前是经济大国，希望不重蹈覆辙。我在担心美国式的生活方式和文化欣赏的方向，是否也在潜移默化地在影响我们的建筑师的爱好。人才外流，赴美工作、定居的国培英才正在大量流失。爱国主义、社会主义的教育，似乎在建筑艺术上，大有文章可作。但是怎样才能作到中而新以报国人呢？

在中国传统建筑艺术的形象、风格上如何能使人民群众觉得既不是简单的复古，又不是不伦不类的大杂烩。这是八仙过海、各显其能的大事。有人强调形似，有人强调神似。我认为形似和神似是互为因果、互相渗透、息息相关的，似不应断章取义，更不能绝对化。

中国人是黄皮肤、黑眼睛、黑头发、矮鼻梁的亚洲人种之一。这是形。但是同日本人、朝鲜人、越南人等是形似而神异。

我国56个民族，形神上基本相似。但并不等于在艺术爱好和处理建筑艺术手法上完全雷同。明显的例子之一是西南三省的风雨桥和其他少数民族地区的类似建筑艺术造型有所不同。新疆维吾尔族的清真寺与其他穆斯林清真寺也有大同小异之分，与汉族的寺、庙完全不同。由此可见，地方、民族爱好是主导的一方面。

（七）故都风貌，现代城市，必须有所表现。社会主义，爱国主义，应该相辅相成

北京已有3000多年历史，历朝建都约800余年。过去改朝换代，兵火焚毁前朝宫室，自立新都的中轴线和城廓范围。但基本上还是沿汉、唐旧制。明朝迁都北京，气魄更大，进一步发扬了汉、唐旧制并加完善。清入关，未毁，有些补充。和平解放北平，保存了优秀的规划布局，留下了宫殿庙宇等大式建筑艺术。朱桂莘老先生生前跟我说过"从历史上看，每朝的宫室、城廓的精华，基本上可说

每五百年遭一次兵火大劫，若干珍贵文物，荡然无存。原因之一，是传统建筑以木构为主，易被火焚全毁。之二是，胜者王侯败者贼，不另建宫室，不足以宣扬新帝之威。"

满清入关前，在沈阳建有宫殿，规模远逊于明都。北陵有一定规模，仍逊于明十三陵。在建筑艺术手法上，虽有微差，但与汉式传统建筑类似。

和平解放北平，党在围城前就十分珍惜文物，曾请梁思成教授圈定文物保护范围。解放后，党中央的首脑机关，充分利用中南海现状，稍加修缮，未大兴土木自建必需的用房。新中国成立初期，百废待兴，先医治战争创伤。提出自力更生、勤俭建国的方针。北京市总体规划以旧城为中心，逐步向外发展的决策，成为总图的指导思想。80年代初期，中央的"批复"肯定了首都的性质是政治中心和文化中心，是在突出主题。当然不排斥还是科技文教、经济、金融等的中心地位。这些历史现实，自然要求在维护好故都的风貌的前提下，向现代化的第一流城市过渡。

党在1955年鉴于造价昂贵的大屋顶形式有到处泛滥之势，提出对"华而不实，复古主义"的批判，是及时的，正确的。在当时尚未把文物保护的深远意义，提到应有的高度时，出现了在城区规划的道路红线上，有意冲破故都内城的九个门楼，没有禁止乱拆城墙的盲目行动。导致规划走向利用城基作二环路的决定。原来城区规划组建议以森林圈作为绿环，作为城区和近郊区的隔离地带，也因用地紧张，逐步削减，以致形成内外紧密相邻，成为一张大饼的形式，对生态平衡十分不利。

党的十一届三中全会之后，经过拨乱反正，在文物保护方面，也日见重视。例如，德胜门遗迹，尚未遭铲除破坏，有识之士，联名向中央请命，得到支持，批准保留。立交绕城而走，同样可以解决交通上的矛盾。这也是亡羊补牢的一件可喜之事。继之而来的是东南角楼的加固、重建。不但恢复旧制，甚至连"雅五墨"的彩画，也长途跋涉找杨廷宝教授等去作印证。西便门只有部分遗迹，局文物研究专家王屹同志提出考据根据。市文物局为保证文物修缮重建的施工，材料、彩画的质量，成立"八分站"进行监督。仅此数例，已能说明，故都风貌的号召，已在文物保护和修缮中，起了积极的作用。

我认为，城市的现代化，首先在地面上表现为交通的组织管理。首都北京有800多万辆自行车。快、慢车的并行、交叉，要求路板宽、路口敞。为了避免机动车穿城而过，造成城区交通拥挤，在新的二、三、四环上建设立交，为加大车速，使过境交通绕城而过是正确的。目前一环交通已相当紧张，是否在一环上设立交或简交，专家们的意见尚不统一。从发展上看，首都的地铁规划建设，方兴未艾，已能解决地面交通拥挤的30%左右。按规划实现之后，大量人流将转入地下。地面公交和自行车将逐步减轻负荷。多数专家认为一环以不做立交为好。

城市现代化标志之二是"两气、两电、四水"

的综合管道建设问题。换言之，也就是基础工程设施有了全面现代化的建设，才能有城乡建设在地面建筑上的现代化。

现代化标志之三，是公园、绿地、绿化覆盖率应有较大的比重。目前北京在绿化上提出四季有树，三季有花。这不但可美化环境，而且与生态平衡和改善小气候有关。

现代化标志之四，应表现在规划设计的建筑物，在节能、节地、节水上有一定的措施，在造型艺术和群体设计上，有社会主义中国的特色。在艺术风格上给人民和外来朋友感觉到是中而新，是在北京，而不是外国或殖民地。新中国成立前，在沪、汉、津都有外国租界。在建筑艺术的表达上，各自代表着各帝国主义的烙印。沈阳的关东军总部，更突出了日本军国主义的特色。不能否认建筑艺术反映一定的思想意识形态。

同样是中国传统的大式和小式民居建筑，沿海的江、浙、粤、闽与西南三省的穿斗式民居不同。

南方建筑艺术比较轻巧通透，北方建筑有一定的重稳实厚的气氛。同样是四梁八柱、翼角翘飞的屋面，南方的翘飞高而纤细，北方的翘飞矮而粗壮。不能说我们的祖先不因地制宜，不重视建筑艺术。闽南民居是极普遍的，为了美，屋脊两端垫肩成为曲线，说它是造作，不如说它是民间的爱好。

我认为，任何房子都有屋顶。早期认为方匣子形式好，宁可外作高女儿墙、内作四坡顶。说明是房必有顶，或平顶，或坡顶，或大屋顶。至少我认为点缀一下大屋顶还属于在必需构件上的加工。

近代建筑有电梯、水箱突出屋面之上，有的暴露结构，不加修饰。有人称之为暖瓶塞，有的稍加装饰变成传统式的亭子。这还属于装饰必要的构件范围。个别的也有用亭子作纯装饰品，我觉得是在画蛇添足。有时师法北欧式的"曼沙"陡坡顶，自我解释说，楼高了，坡必须陡些才能看得见。有的甚至用玻璃幕墙作为斜外窗，我以为花这个钱比装饰大屋顶还贵。还是那句老话，应装饰一个有实用意义的构件。不能为轮廓、造型而做费而不惠的东西。

（八）现代建筑讲究适用、坚固、经济、美观。应该是自然科学和社会科学的高度综合

梁思成教授早年说过，建筑有艺术和技术的双重性。建筑是凝固的音乐，列为第八艺术。过去，大学建筑系有重艺术、轻技术的倾向。现在，建筑院校招生，有的加试绘画。所以，人称建筑师有艺术细胞。实践证明，画家当不了建筑师，但建筑师应有作建筑画的技巧，但不一定是画家。我认为还有两点，十分重要。一是要有经济观念、数字概念和勤俭建国的观念。二是全心全意为人民服务的思想，克服树立个人人工纪念碑的妄想。否则将成为历史的罪人。应该体会到铺张浪费是与贪污、受贿之罪类似。

科学、技术是第一生产力的重要性，日益深入人心。建筑师在校学习期间的轻技术、重艺术的后果，很容易流于有大建筑主义的思想作风。前边我说过，现代建筑在土建设计，机电设计和装修设计等在总投资上各占1/3左右。建筑设计首先要在面积定额的限额下，在功能分区的合理安排下，对每个平方米和每个立方米要精打细算。结构的先进可以创造经济有效的空间、实体。管道走廊、线路有如人体的筋脉网络，必须统筹兼顾，全面安排，作到各得其所，无懈可击。只有充分揭示矛盾、分析矛盾才能统一这些错综的人与物的矛盾。没有三度空间、六个立面的观念是不容易统一各种矛盾的。因此，我说建筑师是组织人与物、物与物之间矛盾的统一者。不是画个圈圈让人家去钻，而是根据客观实际的需要而逐步产生囊括为一个统一的空间、实体。

由此可见，任何专业强调自己的特性都是不全面的。结构主义者强调新结构的特点，而忽视功能、经济，是片面的。机、电管道设备、电气专业、玩弄管道、线桥，给建筑内外空间来个五花大绑的更不可取。事实上，建筑师在构思前是有个在艺术形式空间和实体的设想。功能分区和功能安排有一定的可塑性存在。这正是能适应规划群体对个体的体量、风格要求的灵活性所在。只单一地考虑自己的功能决定形式的作法，在有规划群体要求的地方是行不通。任何有绝对化毛病的做法，总是有它主观、片面、表面这三方面缺点或不足之处的。

自然科学是以物为主，要求建筑师知物善用。社会科学讲究人的需要。当然仍应受需要与可能的限制。建筑师应统一它们之间的矛盾。

（九）因地制宜分析新老比例尺度、视觉规律。统一新老建筑群的色彩轮廓、六个立面

推敲建筑广场，建筑群体的比例尺度，对比微

差、韵律序列和视觉规律等，是决定建筑艺术和手法高低的基本功之一。古今中外有名的广场和建筑群，产生在时间、条件、地点不同，各民族在艺术爱好和习惯手法不同，而千变万化，但却各具特色。可以说，在上述的基本功运用上，则是大同小异。

色彩的运用和轮廓的造型是区别我国与西方，在民族爱好，手法不同的最明显标志。同一类型的屋顶、墙身、列柱、栏杆、游廊、台座等，在功能上基本相同，但在艺术手法和形式风格上迥异。梁思成教授称之为"建筑词汇"。同一功能的部件，文字、语言、称呼完全两样。

梁教授的"建筑词汇"论，导致他认为在建筑艺术、形式、风格上的"可译论"。换言之，中国劳动人民从建筑艺术手法的习惯爱好上出发，形成自己的"建筑词汇"，运用到建筑物和建筑群的整体和局部上去，就会产生东方的、中国的艺术与风格，由此可见，"词汇论"是"可译论"的前提和基础。

新中国的人民建筑师在建筑创作上，除了全心全意为人民服务，在功能上安排人民的需要和利益，在专业技术综合上善于组织并统一之间的矛盾，具有强烈的勤俭建国的经济观念等之外，还必须从地方、民族的习惯爱好出发，在"建筑词汇"的形式、手法上下功夫，作为创造"中而新"的源而不是流。不能强调远古和中古乃至资本主义初期，只有骆驼当交通工具，经过丝绸之路，积年累月，慢腾腾地，取得文化交流和文化渗透的历史现实，它已不复存在。正因为目前到世界各国的学习、交流、旅途上基本上是朝发夕至。的确是眼界加大了、知识面宽了，在见多识广的有利条件下，是否缺乏了、至少是减少了吸收、融化的过程，不是经过消化、提炼，而是简单地有些生吞活剥这一不足之处。出现了不少以"洋建筑词汇"的"洋手法""洋形式"原封不动地端过来加以使用的现象。我认为，目前出现滥用玻璃幕墙之风和不问建筑的性质、造价，乱用大空间中庭或四季厅的倾向，是值得注意的现象。引进国外先进技术的目的是提高生产力和经济效益。对这些，我们不能闭关锁国、故步自封，但在追求豪华、浪费的形式上下功夫，不但违反了党的方针、政策，而且有点崇洋媚外之嫌，或"国际式"的信徒之讥。

在比例尺度的问题上，我认为在古今中外的建筑实体和空间处理上，基本上都运用了这一系列的规律。这是矛盾的普遍性。由于地方、民族的习惯爱好不同，也有一定的特殊性存在。

首先从干道与沿干道建筑群，在长、宽、高的相互比例上来看，有一定的不同。资本主义初期，交通工具以马车为主，对路面和建筑红线要求不宽，有些步行街就更窄。出现路窄楼高的断面。有的是路1楼1。发展到路1.5而楼1，已成普遍规律。香港旧区为路1楼2。新区改为路1楼1.75以上，向后按60°控制线退台。在街面一侧看不全对面的街景。苏联建国初期建议路2楼1。这个1/2的比例已经比过去大有提高。我在新中国成立初期负责新侨饭店的设计。楼高到檐口约22.50米，路面红线宽约49.0米，与对面的同仁医院病房楼、高23.0米并列。路、楼比例稍大于1/2。这是学苏联的开始。结果，并不显得宽敞。北京旧城一环路上的东单、西单到东四、西四，旧路宽仅22~24米，但两侧商业建筑只有6~8米高。构成路3楼1的1/3比例关系。北京人习以为常，也是故都风貌的比例尺度上的一种表现。大家认为，开敞是一个特点。

　　不少建筑专家、学者认为意大利等欧洲国家在广场设计上总结了经验，认为场大楼矮为宜，一般在1/4和1/6之间。这是从人的视角相当于1/2至1/3的视野中出发而提炼的规律。这里也有普遍性和特殊性的区别，不能生搬硬套。

　　传统的小式民居和大式宫殿庙宇，在开间和高度上有类似的比例。一般民居的三间北房，明间在3.60米而开间仅3.0米左右，柱高约3.0米，次间为1/1，明间为1/1.2。除上枋外基本空间为方形或扁方形，产生横向、低矮的效果。

大式按斗口计。明间八攒斗拱，七个攒档，宫殿基本的斗口为10厘米。明间为7.70米宽，次间六攒，五档为5.50米。柱高斗口约6.0米高，除去大小额枋，明间净空是扁方，比较开敞，次间接近方形。如采用明廊，排柱相当疏朗，柱间比较开阔，形成传统的效果。与西洋的全石制柱廊间距的狭而长形成对比。

新中国成立初期北京民用建筑采用二模制。开间由3.60米至4.00米不等，层高为3.40～3.80米。每个开间构成方形比例，已习以为常。说明在个体建筑上，因为建筑的性质不同，自古以来，就在尺度上加以调整，而在比例上仍旧维持人们的习惯爱好。

用4.0米作为开间，对标准层是合适的。如果在公用厅室作到24.0米宽×48.0米长，再加上14.0米高时，就会出现比例失调，而不太自然。反之，在人民大会堂的中央大厅里采取明间为3米×9.0米加4个次间各为7.0米，共宽55米，进深为24.0米时，在平面上面积大过前例，但人在其中，四顾柱廊比例属于扁方或方形，反而觉得舒展、适度。这里采取了明间9.0米中距，层高8.50米。除去结构、风道、净空，余6.0米。它与明间8.0米构成6/8的扁方形比例。与次间构成6.0米×6.0米的方形，取得人们习惯的感受印象。这是简单放大一倍的成果。

有的专家、学者认为，采取这种简单放大的手法，难免重蹈罗马梵蒂冈、圣彼得大教堂的覆辙。我认为圣彼得大教堂不但仅在空间上放大一倍，而且在接近人体的门、窗、护墙等细部上也同样放大一倍。门大、窗高，形成壁垒森严的效果。加上空间高大，更使人在其中自觉渺小。这正是神权社会使教徒身临其境时，更感到天主深远高大，自己更应有诚心悔罪的一种神秘气氛的需要。周总理指示要大而有当、以人为主。处处应从属于人，这就从本质上有了不同。万人集会、五千人会集一堂的宴会厅，没有一定的高大的空间，是容易产生压抑感觉的。吸取比例、尺度相互关联之长，去掉神秘气氛，采取以人为主，就会产生完全不同的感受和效果。应该说是属于"推陈出新"的一种成果。

天安门广场，是新中国的政治中心，也是把新、老建筑艺术融为一体的文化中心。它标志着社会主义中国首都的特色，是重点部位。它不同于苏联红场的条形广场。新中国成立以来，人民英雄纪念碑奠基之后，面对天安门有一个深度。从碑中心计至天安门楼约462.0米。天安门楼至正阳门楼中距约900.0米强。改建前碑夹在原千步廊的两侧红墙之间，仅百米多点。这个障碍已为广场站队，节日夜晚联欢造成种种困难和灾难。路面窄，编队最多有50名至70名纵队，通过能力差。站队的人数少，初期号称60万人的游行检阅，需时在四小时以上。游行队伍及广场站方队的同志，从早晨七时起入场，到下午三时散场，十分劳累。中央首长至少也要辛苦五个小时左右。游行指挥部认为在十周年国庆工程兴建时，必须彻底改造广场。长安街干道按一块板设计，宽50米。平时为解决机动车交通，两侧车道各按两小、两大、一超、一停计算。节日可作为80名纵队编组。进入广场时，路面用花岗石铺砌，宽按80米，可按120名纵队通过广场。根据统计，编队每分钟行进45米。这样，50万队伍可在两小时内通过，广场站队拟按10万人计。这是基本要求。

入口路板80米，建筑物到公园南红墙约为180米，广场入口已是如此宽阔，广场宽度至少按2.5至3.0倍计，应为450米至540米之间。由于原有的南长街至南池子中距为1000米。为留有条形建设用地，把广场定为500米宽到建筑线是恰当的。因此人民大会堂在东西方向用地只余2.0米是自然的。而广场本身在500米宽度里又分有四个长条用地，从碑中计，东西各为155米中距，共310米中作为两条干道。中线分别对准劳动人民文化宫和中山公园。路面红线各宽60米。靠广场一面，不作道牙子，与广场竖向相平。两侧从路中计各有95米的距离，作为两侧大型建筑的行道树和庭院绿化之用。平时广场宽从两侧干道红线计为250米宽。深度从碑中至开国大典的旗杆约260米合65000平方米，规模适当。从节日游行站队计，相当340×320（到旗杆北）=108800平方米。可站方队10万人左右，在功能上先满足了使用要求。在视觉规律上出现在两干道南行时望碑顶约38/155=1/4,078。望人民大会堂东入口的40米高，在退线24米时为40/95+24=1/3，到一般31.2/95=1/3.04。这些比例关系都与传统的视觉规律类似。定案初期，不少专家、学者认为广场宽达500米，失之过宽、过野。认为楼高如为广场深度1/4倍时将达125米高。这是没有考虑广场中部纪念碑和旗杆的存在，没有考虑广场入口已达180的空间关系所致，是不够全面的。

空间尺度放大之后，对建筑群的环境组合起着质的变化。例如天安门广场宽度放大到500米之后，把故宫在中轴线的端门、午门等的距离在视错觉上似乎拉到眼帘之内，拉近了很多。天安门楼以北的古建筑成为广场的美好背景，成为广场北侧环境的主要组成部分。人民大会堂体形是排柱，取法于西洋传统建筑的柱廊形式。但是在列柱的排列上，又掺入我国传统上的明、次、梢间手法。远观近取，都有区别。在基座部分作了5米高的须弥座。在接近人处已取得传统形式的效果。在檐口的下部采取黄、绿相间仰莲瓣的曲线，承托着浑厚的宽檐口，取其浑厚稳重以适应中、下部的统一完整。但是翼角上在横向和竖向上都作了很小的翘起，打破了西洋呆板、硬直的方角轮廓，与传统木构取得呼应。整个东立面宽336米，与500米广场构成1/1.49的适当比例，相当丰满。但是在31.2米和40米的高度，与336米却构成1/10.76的扁平比例。但在天际线上微有起伏和高低变化，能取得平易近人的效果。整个东立面成弓字形，共分为五段。端头各为31.2/24.6=1.27/1，是竖向效果。两个腰身各为31.2/84.0=1/2.7，是扁横形。主体部分为40.0/112=1/2.8是大扁横形。总效果上类似明、次、梢间；打破了扁而平的缺点。336.0/500.0与广场的全宽度构成类似黄金的比例。比较自然、开阔。

　　比例尺度应以人的习惯感受为主。色彩的运用上也有类似之处，黄、绿琉璃的檐部和轻微翘起与故宫文物呼应、协调。墙身、柱廊与整个体形有明、次、梢的内涵，基座则传统手法较多。这也是融会贯通中、外、古、今手法的一种尝试。在竣工初期，不见得新颖突出，经过32年验证之后，也还不算过时、陈旧。作为纪念性的建筑来说，似乎是一种途径。

　　在干道的房、路关系上也产生了一些经验。北京的干道红线较宽。人民大会堂宴会厅中间宽108米。东翼宽30米，西翼为36米，总宽174米。北大门至北侧公园红墙为180米，构成174/180的适当比例。齐家园的外交公寓总宽为245.0米。干道红线为100.0米。构成2.45/1，似乎宽了。但公寓本身也是分段，各有进出高低，比例恰当。相反，短于红线者却会产生孤立、单薄之感。

　　实践证明，在北京的干道宽、广场大、视野深的特定条件下，在建筑物造型上，似有考虑六个立面的必要。四面为上之处，每面都是正立面。从空中或高楼下望屋顶组合时，是第五立面。仰视檐口下部的处理是第六立面。大型的、纪念性的建筑等都必须如此考虑。

北京的城市设计，不能只考虑邻近、周围建筑的统一协调。有时还要分析、研究，远近的空间走廊的视线效果。例如积水潭北侧批准建高层病房楼，出现阻挡了"银铃对山"的障碍。卫戍区在医院用地内部，批准建两栋18层的方形住宅楼，没想到这两组庞然大物，在东直门大街的立交和对准农展馆的中轴线上，却产生两座大山压在农展馆的主楼的一侧，成为一个难以解决的后患，应引以为戒。

（十）一颗红心，两个文明，三个效益。两去两由，四个有所，四个到老

人民建筑师的一颗红心至少包括以下四个方面。

首先，要坚定不移地跟着党走社会主义道路。

要坚持四项基本原则和改革开放，为四化建设作出贡献。

其次，在道德修养上，至少要作到富贵不能淫，贫贱不能移，威武不能屈。不能轻诺寡信，见异思迁。更不能沽名钓誉，哗众取宠，尸位素餐，不尽天职，只求虚名。

再次，树立正确的人生观、世界观，全心全意为人民服务。要像鲁迅先生那样，横眉冷对千夫指，俯首甘为孺子牛。

最后，要始终以专业贡献为本。年龄老化是自然规律，不断动脑、动手可永葆青春。要勤奋不懈、始终如一，为探索具有中国特色社会主义的规划、设计新风格而努力到底。

首都是国际活动的中心和橱窗。必须以"中而新"的精神面貌和地方、民族风格为主。尤其是在这里已具有世界闻名的文物存在。必须反映出人民当家作主的气派。当然这不等于在物质文明建设上因循守旧，违反科学技术的先进性特点。

三个效益，应以经济效益为主。不能忘记经济是基础。勤俭建国、讲求回收，是长期的方针。千万不可做华而不实、费而不惠的蠢事。不能为树立个人的人工纪念碑而浪费人民的血汗和国库的资源。

社会效益应使人民群众和国库收入都有收益。尤其是在当前北京进行旧、危房改造时需要作到经济平衡必须在规划用地上留有足够的余地，高价出售给商贩业和可营利的部门。这对解决社会就业和国家税收都较有利。其余类似建筑也有类似的社会效益可求。

环境效益应从规划、群体出发，充分考虑交通组织和绿化覆盖，讲究环境卫生，美化城市的面貌。在建筑艺术风格上还必须考虑必要的协调和统一。对比与微差。不能破坏整体的统一风格，不能走曲高和寡之路。

"两去两由"是毛主席教导的警句。深入生活、实际作调查研究，不但要站稳立场，全面观察客观的事物，亲自搜集来的第一手资料是必要的、可贵的，但是还必须按"去粗取精，去伪存真，由此及彼，由表及里"要求去研究分析，才能取得符合客观实际的结果。真理和谬误常常是结伴而行的。失之毫厘，谬以千里。

毛主席说的"有所发现"说明对客观存在的事物，从不知到渐知或已知；"有所发明"是要我们掌握新知去作进一步的运用和发明；"有所创造"就是不墨守成规或步别人的后尘。换言之，经过实践，认识，再实践，再认识，不断加深对客观事物的认识，才能达到飞跃，才能"有所前进"。这条真理对建筑创作同样有效。

周总理生前对我耳提面命说"活到老，干到老，学到老，改造到老"。只有先改造好自己的主观世界，才能较好地去改造客观世界。我年过八十，不能盲目地去"不用扬鞭自奋蹄"。

结束语

我这十点体会，是从群众真诚的批评和尖锐的批判而得到的。目前在工程回访中，常常由使用单位的领导出面，赞扬多而批评少，生怕今后继续共事难堪，不反映基层一线工作同志的尖锐意见。这种含蓄的态度，不想刺痛设计人的灵魂深处，属于溺爱，建筑师难于健康成长。公开的评论甚少，也是违反了"从团结的愿望出发，经过批评和自我批评，达到新的团结"的传统做法。

建筑评论和评选优秀设计，前提是讲求方针政策和勤俭建国的精神。但是仍存在着重形式、艺术，甚至有本末倒置之病。赞成什么，反对什么，不够鲜明、尖锐。这就更需要人民建筑师自觉地珍惜"人民"这两个字。我的这些体会，希与建筑界同行共勉。

1991年7月于北京

梓人随感

莫伯治

　　"梓人"是"考工记"中对春秋后期一种技术工作的职称，我在这里只不过是借用一下，也可以理解为对建筑师的"民族传统"称谓。关于建筑师的修养问题，早在公元前22～32年间，罗马建筑师维持鲁威（Vitruvius），撰了一本《建筑十书》，其中论述"建筑师的培养"，提出了建筑师的教育方法和修养要求，强调建筑师要才德兼备，要有丰富的学术理论和熟练的工艺技巧，同时要具备"淡泊无欲""气宇宏阔"的品德。虽然时隔两千多年，但如果导入现代的内容加以阐释，仍然有很好的参考价值。由于社会职

莫伯治，1936年毕业于中山大学工学院土木建设工程系，广州市城市规划局技术总顾问（原总建筑师）。

业结构和体制不同，我感觉目前所接触到一些设计工作，仅仅是现代建筑师所应承担任务的一部分，两者之间还有不小的距离。因此我在下面所谈到的，只不过是我自己从事这一行业生涯中，一些个人的体会。

（一）共识——建筑是集体创作的成果，它是由各方专业人士汇集配合完成的，因此他们之间对整个建筑有关问题（包括技术性的或审美性的），必须有共同的认识，才能使建筑的营造，得到顺利进行，乃至于完成，而建筑师则在其中，自始至终参与其事，起着综合平衡的作用。

（1）建筑师和业主的共识。如果属于一般技术性或行政上问题，是比较容易寻求共识的；但对审美观则比较复杂，互相之间要力求融合一致，特别是商业性建筑，经济的现实性和建筑哲学要有良好的一致性。过去仅由建筑师说哪些是美的，哪些是不美的，已经使人感到厌烦，现在业主已经向建筑师提出许多关于建筑审美要求，我们必须注意他们的意见，在建筑美学上寻求新的出路（P.Johnson的话的大意）。黑川纪章和伊束忠的对话说：建筑师容易犯下强行推销自己的建筑理论的毛病，但结果差不多是失败的。Mies Van de Rohe也曾在这个问题上遇到很大的困扰。他曾为一位女医生设计了一栋别墅，这是一栋通用性、精确与细致、构想化的极限表现的建筑。不幸的是，那位女士对他设计出来的那栋建筑非常不满，弄到友情破裂，涉讼不已，使他非常被动。当然这是一个极端的例子，但也说明建筑师与业主之间共识的重要性。

（2）设计组织内部的意识沟通，是设计工作的关键。主持设计项目的建筑师，固然要根据主题对建筑的体型、空间和风格等提初步设想，但不要作为个人创作的专利品，而要发动助手们的参与感，围绕项目主题多提更加深刻和丰富的见解。只要主其事者在构思上有更大的包容性和敏锐的分析能力，就能使原来的设想锦上添花。水乳交融的共识，掌握共识的工作方法，不仅是搞好设计的重要手段，而且是培养人才的途径。Groupius在哈佛大学的联合事务所里，不是以突出他自己个人为主旨，而是透过共识来扶掖后进。哈佛大学建筑系的人才辈出，与此不无关系。F.L.Wright则与此相反，在他的塔里森基金会受训练的年轻人，很难得到发挥个人才华的机会，Wright只是他们崇拜的偶像。因此许多人对他的评价是后继无人，名师没有出高徒。

（3）建筑师和工匠之间的共识，是使建筑完美的重要的环节。由于图纸很难一次完善出图，而工匠对图纸的理解和工艺水平也有一定的局限性。随着工程的进展，建筑师要对图纸还进行修改补充；对工人要随时解释设计图纸并按图纸要求检查施工质量；对工人的合理化建议要及时加以研究采纳。因此，其工作量并不比图板上的工作轻松多少。"Architect"一语是由希腊语"Architekton"转化而来，有营造师或工艺师的含义，因此现场工作与设计工作并重。过去潮州民居营建，是由匠墨师主持营建，也是以现场工作为主，与古希腊的建筑师工作，有些雷同之处。

（二）认同——建筑是人类存在的认同空间，是客观存在的空间中具有人类生存的性格，生存空间是人类从很多类似活动的现象中抽集出来的一般化现象，也可以说是知觉图式的相对稳定系统，是人类与其环境互动的结果，而建筑空间则是人类具体化了的生存空间。先民对建筑空间的最原始认同，就是进入建筑空间的安全感。随着人类社会的生产与生活的不断发展与提高，人们在营造建筑空间的过程中，会按照自己过去形成的意念，创造适应于自己的审美观的建筑美学表现。这种审美观不仅仅是建筑师个人的自我表现，而是在创作过程中，去发现存在于人们对建筑空间的美学表现带有一定认同的意义，并透过建筑师的个人技巧和建筑哲学，阐释成多色多样的艺术语言，塑造出为人们所喜爱的作品。因此"建筑师的设计，必须对人们的喜悦或恐惧、孤独感或占有感，混乱与明朗，妥协与果断等加以各种调整"（Benjamin Tompson的话）。由建筑师对与艺术创作相关的人性为出发点，以人类的艺术为目标，创造出为广大群众所认同的建筑空间环境。由Lawrence Halprin设计的Lovejoy Plaza-Portland，正是一个以人性为出发点的公共场所设计的好例。这个广场泉水多姿多彩的动态，使Portland市民和嬉皮均为之所摄。他们聚集在此饮酒、嬉戏、演奏音乐，或仰或卧，愉快而自由地徜徉着。这广场成为波特兰市和市民之间最好的联系，下面这首诗描述泉水为市民认同的意义。

此泉　是

那阳光下深深相爱的二人

此泉　是

水中嬉戏的小孩和

那池畔守望的母亲

此泉　是

那好友间会心的微笑

此泉　是

那孤立于人群中的个体

此泉　是

那炎夏里清凉的脚

此泉　是

那喧声中的宁静

此泉　是

那4000公顷混凝土优美的雕塑

此泉　是

那一眼望尽那么小

却又能使人迷失其中那么大

此泉　是

那微笑的警伯

此泉　是

那濡湿着双脚的老妇

此泉　是

那纸袋里的便当　一本好书

那都市里的孤独

此泉　是

那误解了年轻人的老者

此泉　是

去那儿！坐在那儿！在那儿眺望！

一个你去亲身参与的地方

此泉　是

人间的万花筒

此泉　是

那让你体验拥有不可思议魅力的你自己

此泉　是

那千言万语无法述尽的。

这首诗把各色人等游息于池泉里外所诱发各种不同的欢乐怡情，统合于他们对广场池泉艺术魅力的认同中，描述得淋漓尽致（图1）。

对于建筑的体型、空间和格调设计，应如何考虑使用者所感受的认同感，明代文震亨有精辟的论述。他指出室庐设计"要须门庭雅洁，室庐清靓，亭台具旷士之怀，斋阁有幽人之致，又当种佳木怪箨，陈金石图书，令居之者忘老，寓之者忘归，游之者忘倦，蕴隆则飒然而寒，凛冽则煦然而燠，若

图1

徒侈土木，尚丹垩，真徒桎梏樊槛而已。"他反对
庸俗豪华、费工费料、缺乏文化的处理手法；门庭
要雅致洁净，室庐要清幽高雅，亭台的格调要像一
个具有旷达襟怀的高士，斋馆楼阁的格调要像逸士
的淡泊幽致；要有文化古雅的陈设供玩，奇花异草
的观赏，冬暖夏凉；这样就会令居者寓者和游者忘
老忘归忘倦的认同效果。当然，这是反映几百年前
封建士大夫所舒发遁世感的意识。但如果剔除其消

极的因素，导入现代主义的译解，其中与现代建筑的原则是有许多可以沟通的。在白天鹅宾馆公共部分设计中，不少是遵循这一原则，对材料的选用、格调的处理，以简练、朴素、淡雅为主调。如大门入口设计，运用"雅洁"原则，全部用白色粉刷，没有选用名贵豪华材料，而是尽量展现适度的比例尺度，简练的结构轮廓，光洁明亮的色调和光源，整个门廊是运用简洁的现代主义手法。而于大门两旁陈列一对白石狮子，与对面前庭草茵上的白石峰构成一组雕塑组群，使现代建筑毫不着迹地与传统地方格调糅合一起（图2）。进入门厅，透过敞廊，呈现一处高旷深邃的中庭，绕庭布设高低错落的亭台楼阁；临江一面，凭虚敞阁，纳千顷之汪洋，视野开阔；面向中庭的厅堂，选用天然木纹材质和白垩墙面，显得异常的淡雅清靓。厅堂空间与庭园空间互相穿插，里外渗透，上下沟通，寒潭峭壁，飞瀑谷鸣，山溪绕流，蕨丛上下。人们站在高台上，读"故乡水"摩崖，有非凡的感染力，特别是远侨

图2

归国，最能诱发热爱祖国的激情。这里不论风雨晴明、寒暑晨昏，都是客人和市民休闲的好去处。这里是广州城市与市民联系，中外朋友交往的理想环境。而"故乡水"一景，更为人们拍照留念的焦点；是"居之者忘老、寓之者忘归、游之者忘倦"的有很好认同意义的现代原则的阐释（图3）。下面是一位诗人的感受。

图3

故乡水

咏白天鹅宾馆大厅   谢韬

　　去岁参观广州白天鹅宾馆，黄辛白、黄其江二同志同游，嘱题"故乡水"大厅，以其布局高雅不趋西风末流，保持民族风格与特色，归来仓促命笔，写景纪实，难表真情，海外侨胞，可共鸣乎？

天鹅立江浜，
洁白耸崇楼。
布陈绝精巧，
妙趣静中尤。
恍临水帘洞，
飞瀑落泉幽。
濯月亭如画，
悬岩鸣碧篌。
梦饮故乡水，
客恋古神州。

游子去异域，
泪洒珠江头。
万缕千丝系，
凭舟几回眸。
寄人篱下久，
千虑度春秋。
万里归帆远，
一返解百愁。
乡水乡情寓，
故居故人留。

海外思乡客，
来此顿忘忧。
南岭山川秀，
景物望中收。
天涯归来意，
祖国正风流。

（三）沟通——这里说的是现代建筑美学与历史、地方建筑文化的沟通问题。现代主义的审美观点是现代建筑美学的主流，从它的发生到现在，经历了差不多一个世纪，其间有前进或停滞，但终究得到改进、补充和完善。当代建筑师们在创作中总是自觉或不自觉地涉及与现代主义有关的思维领域，既要遵循客观因素的科学分析，又要考虑到历史、地域文化特征对建筑风格的表现关系。透过对这些因素的分析与思考，从建筑的体型、空间和风格等问题的处理，与上述诸因素固有内在本质之间，达到形神相通、表里如一。这或者可以理解为在一定时期内，对事物内涵表达的实现。当然，随着人们对客观世界的理性认识不断深入提高，在建筑美学上对事物本质内涵的表达能力也会进一步加强和准确。现代主义发展到今天，客观上具有更大的包容性，当代建筑师在创作中可以在更为广泛的思维领域中进行探索和实践，而不是停留在信仰和概念上的陈述或争论。在现代主义理念的基础上，可以导入一些更为复杂而难于融合的领域，既保持了现代主义关于建筑形式来自客观的逻辑思考原则，但又避免了排斥历史、排斥生活带来的观念上的绝对化，形象上的贫乏。对上述各种不同领域与现代主义的融合，实质上是在不同时间、空间的建筑文化领域与现代建筑文化的沟通问题。不同的文化取向，在一定概念性的层次，总会有它们的交汇点，在交汇点上可以寻找其中内涵的共性，从而得出它们之间沟通的途径。这包括现代主义对历史、传统、地方文化特点的沟通，也包括对世界古典建筑文化的引用。当然这里所谓沟通，不仅仅是手法形式的问题，主要是本质的内涵。对上述问题的理解，在创作的具体实践，我们作了一些探索性的尝试。

（1）广州南越王墓博物馆的主馆体型设计，除遵循现代主义原则外，同时也考虑到它是一栋带有纪念性的建筑，透过它传译两千多年前的历史文化。因此，可以探索古今中外对这类建筑体型风格的共性，如雄浑、庄重等。在它的体型结构如基座、石阙等，曾回顾过传统的重台叠阶、汉代的石阙，以至埃及大庙的阙门，融合了古代经验，而以现代手法表现出来，它本身是合乎逻辑的历史延续性，而不是复古抄袭。另外，在材料选用和雕塑构图，以突出地域的差异性作为主题风格表现构成的一部分，外墙采用与古墓室结构材料相类似的红砂岩，石阙上浮雕、墓兽圆雕以及馆徽图案均直接采用来自遗物珍品中的图案，这些处理。都有其地域差异性的内涵表现，在客观上都有其存在的意义（图4）。从厚重庄严的石阙，穿过一线空灵的入口，进入展馆首层，室内空间结合地形，由外而内向上延伸，直达三层高顶端的二门，在此曾推敲过雅典卫城前庭的空间结构，在蹬道两旁的展厅逐层上升，仿佛有类似的空间关系（图5）。

（2）对国外建筑史上某些风格的引用，也有过探索性的尝试。在广州岭南画派纪念馆设计中，首先要考虑运用什么体型空间和风格来表现纪念馆的功能和岭南画派风格的本质内涵。岭南画派创立于19世纪末期，反对临摹仿古，注重写生和吸收一些外来的画法。在政治上他们赞成改革，反对封建势力，注意一些关于平民疾苦的描写。他们的作品在南方和海外有一定的影响。它在国画艺术的历史地位和时代、地域的特点等方面，和欧洲19世纪末的新艺术运动，颇有些可以类比之处。新艺术运动在

图4

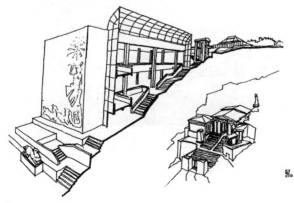

图5

19世纪末始发于欧洲，提倡反古典主义，力求创立新的建筑风格，是现代建筑风格的前驱，影响遍及欧美。因此纪念馆采用新艺术运动的建筑风格，用以说明岭南画派革新古典画法和风格的实质内涵，是最合适不过的。运用流畅的曲线和动感的形态，结合内部的顶光有机空间的采用，肖画的装饰构图等，这些富有本质内涵性的表现，使岭南画派的风格得以和新艺术运动建筑风格沟通起来（图6）。

图6

〔本文插图：马威〕

创作·源泉·风格

徐尚志

建筑师从事建筑设计的过程，是一种创作活动的过程。这种创作活动与其他文艺范畴的创作不同。其主要区别，在于建筑创作成果的形成，必须体现在一种具有实际使用价值的物质实体——建筑物及其所构成的空间环境之中。而其他文艺范畴则不具备这种属性。但是，建筑对人的精神感染作用又是客观存在，与其他文艺领域具有同样的重要意义。这种精神功能随着它的物质功能相伴生和共存的现象，可以说是古今中外自有建筑以来的一种普遍的共同特性。建筑的这种双重属性，界定了它在

徐尚志，1939年毕业于重庆大学土木工程系建筑学专业，中国建筑西南设计院原顾问总建筑师。

人类物质文明和精神文明建设中的双重任务。作为建筑师，通过我们的设计和创作活动，也必将肩负起两个文明建设的双重职责。

由于上述的双重性质所决定，建筑师在创作过程中，必然受到种种客观条件的制约。这些条件，有属于物质方面的：如地形、地质、气候、环境以至材料、技术等；有的则属于社会性的：如风土民情、生活习惯、宗教信仰、历史文化、社会制度等。这些都是客观存在而不可回避的事实。建筑师们也从来都是在这些条件制约下进行他们的创作活动的。由于地区自然条件和社会历史条件不同，由于社会生产力发展阶段的差异，在这些不同条件制约下，几千年来人类社会所创造的建筑风格，可谓千姿百态，异彩纷呈。这里蕴藏着有史以来人类所创造的物质和精神的财富，显示出古往今来世界劳动人民所创造、积累的丰富经验和无穷智慧，内容十分丰富。在有些地方形成了所谓的"石头的史书""木头的史书"或"竹头的史书"等，成为社会历史文化现象的重要标志。对于建筑师来说，这些都是历史留给我们的宝贵遗产，也是我们从事设计工作中的重要创作源泉。

当然，一切事物都是在运动中不断地发展变化的。建筑风格也将随着技术、经济、文化的发展而变化，随着各地区、各民族的互相交流、渗透而变化。当前，随着人们物质文化生活内容的日益丰富，对建筑功能上的要求也越来越高，越来越复杂了。而日益进步的科学技术和其他物质条件也为之提供了满足这些要求的可能性。反映在建筑风格上也不可避免地要随着建筑内容和物质技术条件的发展而变化。从过去漫长的历史岁月中，我们也可以看出这种变化是从未间断过的。只是有迟缓地渐变与跃进地突变的不同。这里有的是属于自身逐渐发展完善的变化过程；有的则是受其他自然条件和社会条件变化的影响。而最重要的因素，应该说是受社会生产力发展的制约作用。如在西方石结构体系中，有了拱券和穹窿顶结构形式的出现，才有可能摆脱过去密梁、巨柱空间组合的局限，以适应当时群众性宗教活动的功能要求。而高直式的一代建筑风格，才有可能应运而生。至于西方产业革命以后，工业化生产发展进程中，各种新型建筑材料的出现和新结构形式的采用，导致20世纪初叶所出现的现代建筑，则是建筑风格上一次根本性的变革。它对世界建筑所产生的巨大影响，当是举世共知的。

时代在前进，社会在发展。建筑师从事创作活动的客观条件在不断变化。所以，把建筑风格看成是一成不变的僵死的东西显然是不合实际的。新中国成立以来，特别是改革开放以来，中国建筑师在伟大的社会主义建设事业中得到很多创作实践的机会，得以充分发挥他们的智慧和才能，从而取得了许多重大的成绩；在不断探索，力求创造出具有中国特色的建筑新风格方面也作出了许多努力。虽然时间是漫长的，道路是曲折的，而成绩却是显著的。早在1958年上海举行的建筑艺术座谈会上，就明确地提出了创造中国的建筑新风格的要求，开创了我国建筑创作理论探讨的先声。它所揭示出来的一些问题，如"传统与革新"问题，至今仍然是我国建筑师们在理论上和实践中不断进行探索的问题之一。

既然是创作，当然要革新。抄袭搬用不是创作，墨守成规也不可能搞好创作。但是世界上没有无源之水和无本之木。建筑师的创作灵感也不可能从天而降。前面说过，建筑创作必然受到种种客观条件的制约。那么，我们如何去深入认识和掌握这些客观条件，无疑是一个十分重要的课题。传统建筑，特别是地方的传统建筑，积累了那里人民的经验和智慧，凝聚了那里社会历史文化的内涵，集中反映了人民生活的一个侧面。它既是我们创作中的制约因素，又是我们从事建筑创作的重要源泉。从这个意义出发，我们没有任何理由去否定它，扬弃它；而是要去认识它，发掘它，掌握它的客观规律，为我们今天的创作所用。

形式上的照搬照抄是比较容易的，不管是对中国的，还是外国的，传统的还是现代的。但都不能达到创造我们一代建筑新风格的目的。根据自己从事建筑设计50多年的实践经验，探索出来的一条创作道路是：立足于此时、此地的现实，吸取传统的和外来的营养，掌握其精神实质，针对建筑的特定环境和目的性，创造出具有时代精神和地方特点的建筑新风格。简单说来，就是"此时""此地""此事"六个字。

80年代初期，我院接受了肯尼亚国家体育中心的设计任务，我们组织了14人的设计组去肯尼亚首都内罗毕。这是一座被誉为"赤道上的花园城市"的美丽的现代化城市。气候四季如春。城市规划和建筑都颇有特色。该工程规模较大，包括6万人的体育场一座和体育馆、游泳馆、运动员招待所等项目，占地约100公顷。我们在做方案时，有的同志认为，这是我国援建项目，就应该采用中国建筑形式。这个意见得到了一部分同志的支持。而我认为在国际事务中，这种涉及国家之间不同意识形态和不同历史文化传统的关系问题，应该持特别慎重的态度。50年代初期，苏联专家在我国设计的一些工程如北京展览馆采用了俄罗斯建筑风格，就有人持不同的意见，认为这是一种大国沙文主义的表现。今天我们处于援建国的地位，己所不欲，勿施于人，就不能以同样的态度来对待受援国。我们必须尊重当地的历史文化传统，体现所在国家的风格特点，才是正确的创作方向。最后取得了一致意见。但随之而来的问题是如何去寻求和体现当地传统风格的问题。在普遍深入调查之后，我们发现这个经受了500多年殖民统治的国家，所流传下来称得上自己的传统建筑的，只是一些极其简单的原始的民间的非洲茅屋（African Hut）（图1~图3）。此外，就是颇负盛名的东非木雕。这些都具有质朴、粗犷、豪放的气质，也是当地人民引为骄傲的文化传统（图4~图6）。同时我们也发现有的外国建筑师也在努力发掘当地建筑文化遗产，来作为他们创作的源泉，创作出一些较为成功的作品。如肯雅塔国际会议中心便是一例（图7~图10）。

图1　非洲茅屋之一

图2　非洲茅屋之二

图3　非洲茅屋之三

图4　东非木雕之一

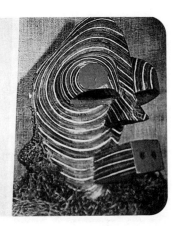

图5　东非木雕之二

图6　东非象牙雕及草编艺术

图7 肯雅塔国际会议中心大厦

图8 肯雅塔国际会议中心大厦蘑菇厅

图9 肯雅塔国际会议中心大厦裙房外景

图10　肯雅塔国际会议中心大厦外墙雕饰

　　我们深深地理解，简单的传统形式的搬用是不可能满足大规模现代化建筑的需要的。重要的是通过咀嚼消化，掌握其精神实质、文脉气韵、民族气质；努力做到现代科学技术与马赛伊①精神的完美结合。经过多方探索，我们发现当地茅屋中的群体院落式布局是当地人民长期生活实践的产物。而那种原始的叉架结构形式又具有粗犷有力的气质特征。我们毫不迟疑地首先在运动员招待所设计中加以运

① 马赛伊（Massai）系东非部落民族，亦译称马赛族。马赛伊精神代表着当地的民族自豪感和无畏的战斗精神。

用，从而取得了一举成功（图11~图13）。当我们把这个方案图纸展示在肯方主管部门面前时，主管官员竟高兴得从沙发上跳起来说："太好了！你们是怎么理解我们的民族感情的？"一反过去对我们的技术水平抱怀疑态度的常态。以后的一些大型项目设计，我们都贯彻了这种精神，都很顺利地得到通过。肯尼亚国家体育中心建成后，1987年在这里举行了全非运动会，国际奥委会主席萨马兰奇在参加了这次运动会后曾说："看中国的体育建筑要到非洲去看。"扎伊尔总统蒙博托则坚决要求我们为他们国家同样建造一座。随之而来的埃塞俄比亚也提出了同样的要求。这些都已完成设计并付诸实施。

图11 肯尼亚国家体育中心

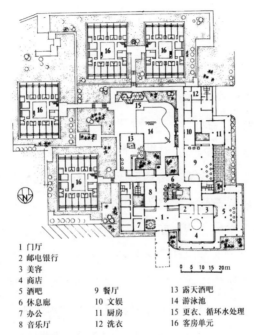

1 门厅
2 邮电银行
3 美容
4 商店
5 酒吧　　　　9 餐厅　　　　　13 露天酒吧
6 休息廊　　　10 文娱　　　　　14 游泳池
7 办公　　　　11 厨房　　　　　15 更衣、循环水处理
8 音乐厅　　　12 洗衣　　　　　16 客房单元

图12　肯尼亚国家体育中心运动员招待所底层平面图

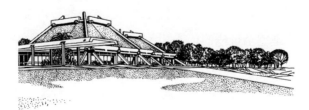

图13　运动员招待所透视图

实践证明，只要我们对所面临的每一个建筑创作课题特定的时、地、事条件都有较深刻的理解，我们便能从不同民族和区域的独特历史文化环境中发掘出创作的源泉，激发起创造的灵感。

诚然，我们都十分清楚，在建筑创作中要形成一种独自的风格，并非轻而易举和一蹴而就的事。历史上一种建筑风格的形成，往往要经过漫长的岁月，在若干代人的努力下，才能逐渐成熟和完善，得到大家的公认。而且它本身也并非一成不变的，也是在逐渐发展的。随着社会生产力发展的加速，建筑风格的演变速度也必然随之而加快。我国社会主义建设规模宏大，建筑师从事创作实践的机会比历史上任何时代都多。在方向正确、目标一致的条件下，在较短时期内形成具有中国特色的一代新风格，是完全可能的。不过，这种风格绝不意味着一种新的整齐划一的模式。

我国幅员辽阔，民族众多。各地方、各民族人民在长期生活实践中，创造出各具特色的不同建筑风格。无论在生活气息、艺术形象、文化内涵和创作技巧方面，都蕴藏着许多值得我们继承、吸取和发扬的宝贵遗产。这是我们今天创造有中国特色的建筑新风格的重要的创作源泉。那种认为只有大屋顶、宫殿式才是中国建筑风格的唯一代表的认识已经成为过去的历史。因此，我们面前的创作道路的前景是更加广阔了。

建筑创作中客观上存在着诸多矛盾。从大的方面来看，如物质与精神，传统与革新，形式与内容，艺术与技术以至民族化与现代化之间，都存在着许多矛盾。也可以说，建筑师从事创作的过程，也就是处理好这些矛盾的过程。我相信，只要方向明确，目标一致，经过广大中国建筑师们的共同努力，以宁为鸡首，不为牛后的精神，努力实践，努力创作，一定会走出一条我们自己的创作道路。事实上，我们已迈出了可喜的一步。例如，新疆在创造具有民族特色和地方特点的建筑新风格方面，就取得了显著的成绩。在西安、四川、浙江等地我们也能看到一些具有地方特点和时代精神的新建筑。相信只要我们坚持不懈地探索下去，一大批真正属于我们中华民族自己的现代建筑将会矗立在我们这个文明古国的大地上，从而向全世界证明我们中国新一代的建筑师也是有无愧于我们祖先的创造才能。

求知·突破·深入

赵冬日

我这里所谈的，算不上什么"修养"，只是把我亲自设计的建筑和城市规划中的部分体会以及我接触到的某些有关问题写出来，供参考。有不对的地方，希望能得到指正。

一、求知

许多人说建筑是人类文化的组成部分，是人类文化的集中表现，从而认识到建筑的重要性、困难性，以及建筑师的责任之大，任务之重。确实，建

赵冬日，日本早稻田大学建筑系1941年毕业，北京市建筑设计研究院总建筑师。

筑师的工作是组织人类生产与生活的实践活动，也是建筑文化、艺术的创造者。因此，建筑师必须有丰富的"知识"修养，才能把人们的物质需要与精神生活有机地、创造性地结合起来。说得夸张一些，建筑师需要上知天文，下知地理，也就是要求熟知天上、地下、人间的许多事物。知道的越多，工作的效果就越好。（建筑）这门学问，不仅属于自然科学，更多的是属于社会科学，特别是在城市规划方面，涉及的范围更加广阔。

就城市规划来看，在工业革命以后，许多城市采取封闭内向型方式进行规划；功能采取单一分区方式；道路系统采取环路结合放射路方式。这种方式有其长，但也有其短，不能只看到长处，而忽视其短处。试想，大城市中四面八方的人流，白天向市中心流动，晚间又向八方流去。这不仅消耗人的体力，更重要的是浪费时间，交通运输问题更大。

单一功能分区，把人们的工作和生活全然分开。人们为了生活不得不在这些分区之间跑来跑去，在红绿灯之间奔波。失去了各种生活的有机联系。

城市中心白天人满为患，入夜又冷冷清清。中心与四郊的人流，来来去去疲于奔命。古老城中那样的社会交往，在居住的地方就近工作，在工作的地方生活，就近娱乐、休息等功能不见了，人们的精神和心理状态时时处在忙碌之中。

产生这种现象的原因很多。但是，其中由于城市规划给人民造成的"生活"负担是不能否认的。实际也就是规划知识不足的一种表现，换句话说与建筑师有一定的关系。建筑师的职责不仅是建筑设计，同时包括城市规划工作，建筑和城市规划两者是不可分的。

按说，本来人口不太多，城市规模不太大的城市，采取封闭型规划方式是可行的。但是，当一个大城市的人口由百万增至千万，自然封闭型城市无法适应这样巨型城市的需要。建筑师、社会学家等有关人士一方面为城市的未来担忧，另一方面也为城市的发展探索出路。北京城的规划提出设"副都心""卫星城""多中心型"等规划方案,特别突出的还有人提出"大城市群"设想。

任何城市都有物质文明、精神文明建设两个方面,涉及的领域很广,如人口、土地、农业、工业、交通、文教等。因此,建筑师必须具有各方面的知识,考虑各个系统。更重要的是要有正确的理论指导,与理论相适应的实施措施。我们是社会主义国家,有明确的消灭城乡差别、建设社会主义的理论,还有"土地共有、计划经济"的措施。但是由于知识不足,把问题复杂化了。"人口"问题本来可以按计划发展,进行控制。实际,不足四十年时间全国从5亿上升到10亿;土地公有制本是社会主义的优越条件,实际把"公有制"变成单位所有制;"计划"不能实行。特别是不从根本上探求解决问题的实质,反而求救于资本主义解决城市问题的办法,以致问题更加复杂化。

副都心。近年来随着资本主义的发达世界大城市，人口激增，城市各种功能向中心地区集中。为解决问题，提出建设"副都心"，以期缓和中心地区的紧张状态。以日本为例，东京都三个中心地区集中了全国的主要政治、经济与文化功能，远远超过三个区的负担能力。因此，设新宿、上野、池袋等副都心。设副都心的目的可能是为了分担首都中心区的一部分功能。但是，就新宿的实际情况来看，这种补就办法并不成功。设在新宿核心部分的超高层建筑，原规划用地56公顷，11个区块，其中已建7个半块，共10栋。下余3个半块，又用了3个建新都厅，即东京都新厅舍，在四年前开工，现在已经建成，总面积38万平方公尺，高243公尺，超过池袋的200米高的阳光大厦。新都厅的出现，填满了56公顷地块，容积率过高，密度过大，最严重的还是交通问题。已建的10栋超高层大楼容纳700家公司，5万多员工上班。这个区白天流动人口高达15万人，夜间5000人。新都厅预计工作人数为3万，流动人口将再增10万人以上。新宿的交通量早已十分紧张，不仅增加交通量，还要增加服务业，扩大营业面积，迎接新客人。实际是肉烂在锅里，新宿白白增加了大楼和人口，"大城市"问题并没有解决，老百姓日常需要到中央去办的事，也还要跑中心区。

一国首都，为防止政治、经济、文化等功能集中，有计划地分散布置在"地区"中心，组成多中心型结构城市。虽不能分担都心的主要功能，但会有利于减轻都心区压力。与其另设"副都心"，可能莫如加强组织"地区中心"。自然这需要经过分析、研究，才能得出正确方案，不能草草作结论。

卫星城。发展卫星城控制大城市规模，分散中心区人口，以期解决"城市问题"的这种办法来自国外。多年来，许多国家的大城市试图建设卫星城来挽救"城市灾难"，但多数是失败的。当前，我国许多城市也采取这种办法，几乎成为我国城市规划的一种模式。英国在伦敦周围建了八个卫星城，巴黎在郊区发展五个卫星城，日本、苏联也都有卫星城。但经过了很长时期，迁到卫星城去的人口却很少。不但没有减少中心区人口，反而扩大了母城的规模。国外，有些卫星城采取提高生活水平，增加福利待遇的办法来引诱，以及对工业、企业实行贷款、减税和迁厂补助等，也不能达到像大城市一样水平，还是没有足够的吸引力，也就达不到疏散人口的目的。华盛顿是这样，东京是这样，巴黎、伦敦也是这样。

北京的二十几个卫星城设想，又和外国不一样。国外是人满之后，设卫星城医治；北京是规划开始便作了打算，而且个数多于国外，也未经过试点。按道理，仿国外是应该认真调查研究、周密分析之后才能下决心办的。事实上，我们并没有经济力量投入卫星城，以使居民生活、居住、职业、文化、教育各方面能够满足需要，更谈不上比"市区"优越，甚而影响母城的发展。从理上，从世界实例来看，都说明设卫星城不是个好办法。至于北京的卫星城后果如何，不好预测，只好通过实践再作结论。

现在已经看出来了，北京的房山、上海的宝山等卫星城都没有能解决中心区人口向外疏散，反而增加了人口机械增长。卫星城人口主要来自外埠，或农村，而不是由母城迁出。母城的人口迁到卫星城的即便有，也是很少很少。

就长远来看，不是大城市如何疏散人口问题，而是解决农村人口少向城市流动问题。这就要通过理论研究和实践总结进行探索。我们是社会主义制度的国家，应该有信心、有能力、有办法、有计划按比例分布人口。

近年来，实行农业劳动者"离土不离乡"政策以来，大力发展"乡镇企业"，对"就业问题""农村人口流入城市问题"，以及增加产值、富裕农村，都产生了积极有效作用，应该总结、完善、提高，可能形成一条"行之有效"的途径。但从长远看，还必须开辟"新路"，有计划地均匀分布，并大力建设具有独立性的"新城"。今后，农村人口向城市聚集，城市化的进程加速是不以人们的意志为转移的。因此，城市问题的研究和解决，掌握全面"知识"，拟定正确的社会主义城市发展战略是当务之急。

关于建设首都圈的设想。这种设想也是来自国外，仿日本东京圈，而且比东京圈规模还大，其设想范围"朝东向海为主的环北京联合城镇体系，这个体系也就是首都圈。首都圈的范围包括天津、唐山、秦皇岛、石家庄、保定、承德、张家口等北京周围的一批大中城市相连接的广大地区。特别是在京、津、唐、秦一线，开辟一条大中城市相连接的城市带"。

这种设想实在令人难于理解。这实际就是国外的超级大工业城市，是资本主义国家想摆脱而又摆脱不掉的"大工业地带"，却有人要作为先进事物引进北京来。有些发达国家企图通过城市规划，重新分布工业区，或地区规划等办法来挽救"大工业城市"对社会生活的危害和自然环境的污染，消除城市公害的恶性循环。但是资本主义国家的"唯利是图"，使工业无法合理分布；无法实现，只有听任工业地区的畸形发展。有些大工业城逐渐扩展，构成纵横数百公里的工业化地区。如美国的芝加哥、匹兹堡发展钢铁和汽车，形成大工业城市；西太平洋沿岸加利福尼亚州从洛杉矶到朗杜奇发展炼油、飞机、造船等大工业；大西洋沿岸一带的费城、巴尔的摩、华盛顿与纽约、波士顿连接起来，把周围100万人口的城市连成一片，形成3706万人，53500平方英里的大工业地带。日本从1953年起相继出现了阪神、中京、九州等工业区与东京合称为四大工业区。1950年朝鲜战争爆发后，在太平洋沿岸三重县的四日市，山口县的岩国以及德山等地修建炼油厂，形成京叶大工业区。西德、法国、英国都有这类大工业城市群，也就是超级大城市。这些城市都是资本家的经济基础。垄断使工业高度集中，特别是向沿海集中。

　　工业分布自然与原料密切相关，美、英、法、德、日都在不同程度上依靠掠夺国外原料进口，然后把生产出来的产品再返销国外，实行经济侵略。因此，大工业多靠近沿海地区修建，这是资本主义国家工业在地理上的分布特点。中东蕴藏着世界石油总量的三分之二，成为资本主义国家掠夺能源的焦点，引起战争的根源。

日本工业基本集中在太平洋沿岸地区，日本海沿岸和内陆则较少，造成经济上过疏过密现象。为此，田中角荣提出改造日本列岛的设想。希望通过工业新布局，建设以25万人的新城市为中心，与大城市改造并列，作为改造日本列岛的轴心。扭转产业、人口、文化都汇集在大城市，过分集中的倾向，企图将发展重点转移到各地方。也就是把沿太平洋地区的大城市向日本海沿岸大转移，建新工业区。当然这种设想并没有实现，但是却说明了超级大城市在资本主义发达、经济发达的国家也已经难于承受。不知为什么，北京却有人要走人家走过的失败之路？

建筑师，如果没有广泛的知识，正确的理论基础，就可能在建筑或城市规划工作上危及城市、波及人民，造成难于解决的困难。当前，城市居民不希望城市建设偏重经济发展型，忽视感情合理性。城市规划模式的趋向，是文化性活动和日常工作能够联系在一起，力求物质与精神生活不发生矛盾，避免城市空间密集地交织在一起，造成交通阻塞，空气污染，绿地不足等自然环境的弊端。提倡开放型城市模式，把自然因素结合到城市中，以求自然景观在城市中占主导地位，城市中充满阳光、新鲜空气和绿化；追求动态的、互有交往的现代化社会生活，重视文化和历史的延续性，以及地方文化特色、民族传统意识。

至于这种规划方式究竟如何，能否实现，还需要深入探讨，通过实践和理论探索进行求证。

二、突破

建筑师应该是传统建筑的继承人，也应该是变革传统建筑的主力军。因此，建筑师要有勇气、有能力突破传统建筑的"程式"。一切事物都在随着时代前进，都在不断变化之中。建筑创作也不例外，必定随着时代有所创新。创作要抓住事物变化中的主要矛盾，认清其实质，有所突破，才能有所创新。突破就是突破传统，创新就是超越传统。

现代建筑正处于"个体"向"群体"转变；物质功能向精神功能深入的过程之中。物质功能重在适用和经济；精神功能重在文化和艺术。人类的要求由表及里，在变化中深入，在变化中前进。停滞不前，或因循守旧是不可能的。

城市规划与建筑设计也需要变革传统观念，但是改革并不是一件容易的事。举例来说，改建天安门广场的过程就曾经有过争论。

天安门是古人的伟大创举，建于明1417年，是明皇城的大门。新中国成立后，改为中华人民共和国的首都广场，从而产生了"古"与"今"、传统与现代的矛盾。

原天安门广场用红墙围成"T"形。东西两廊曰"千步廊"。"T"形的东、西、南三个端部都有门，西边叫长安左门，东边的叫长安右门，北边就是天安门，它有五个门洞。这个广场就是皇宫的前院。天安门前有金水河，河上有五座桥通向皇宫。河的南面有华表一对，石狮子一对，河的北面有石狮子一对。总面积共11公顷。几百年里，这个前院割断了北京城的东西交通。通向东西城只准走正阳门以南，或地安门以北。南北中间长达三公里，不许百姓通行。

从艺术角度来看，这个"前院"是进入皇宫的序曲，布局严谨，长、宽比例、门与门之间的距离、大小、高低都恰到好处。墙体、门券、屋顶、基座，以及彩色与天安门配合起来，正所谓"增之一分太长，减少一分太短"。但清亡之后，为了东西交通，在五百年间一直是封闭的皇宫前院，开辟了东西长安街。千步廊被外国侵略者烧毁。T形广场的完整性遭到了破坏。

1919年的五四运动，T形广场又开始了新的政治生命。此后三十年间，北京的大、小革命运动，不断在这里举行，天安门和中国革命联结到一起了。

1949年1月，北平（今北京）和平解放了，天安门广场也开始了新生，它激起了亿万人民的斗志、勇气，成为社会主义新中国的象征。但是这个T形广场，虽然具有特殊的历史价值，极高的艺术水平，却不能满足开始当家作主的人民需要。比例十分严谨的建筑布局不仅和新生人民的政治生活不相适应，而且是矛盾的。东西两三座门影响平日交通；11公顷的广场，不能满足节日的集会。虽然在没有损害广场原状的基础上，经过多次改建，也只能改善，不能根本解决。终于，在1958年，为迎接国庆十周年，决定彻底改建天安门广场。

彻底改建，必然要突破广场的传统格局、风貌与规模。就其功能与艺术来说，又必须超越传统。议论最多的是广场的性质，规模和新旧建筑风格。主要的是广场规模，当时确定的规模南北长880米、东西宽500米，有些建筑师用18、19世纪欧洲广场尺度衡量说尺度太大了，不合乎人的尺度，也不合乎建筑尺度，像是到了沙漠。同时担心广场太大，广场的建筑对比之下就会显得太渺小。总之，是根据西方广场的比例经验，不敢突破传统广场的原有比例。实际原天安门广场的比例，在当时是恰到好处的。可是，今天时代变了，社会前进了，传统时代的广场用在今天，是小了，而不是今天的"要求"大了。周总理说："站在天底下不觉得天高，站在海边不觉得水远。"本来可大可小（在用地可能条件下），应当以人为主，物为人用，根据客观需要决定广场大小，不仅不应受历史局限，而且应当发展历史，超越历史，艺术是人为的。

当时，对广场的争论的焦点是要不要打破封建格局，要不要突破西方传统建筑理论和原有广场尺度对今天的束缚。多数人主张广开思路，考虑广大群众的集体活动需要，正确地认识新中国人民的精神面貌，发展中国传统布局，把广场建设成更雄伟，更开阔。用17、18世纪的西方广场尺度衡量今天的事物，是忽视时代的发展。新事物要突破旧束缚，社会总是要前进的。新的社会制度、新的政治生活要求改变旧尺度概念，并且要求有能力既不破坏"天安门"的尺度，又满足"人"能够满意的尺度。

关于广场上的新建筑尺度，有的意见认为不能超过天安门，但是人民大会堂从使用上就要求有高大的体量，其中万人礼堂、五千人宴会厅都是寻常尺度所不能解决的。当然，从天安门历史价值、政治意义来说，天安门在广场上必须保有重要的地位，又绝对不允许破坏天安门的尺度。

关于广场上新建筑的艺术形式问题，有的意见把建筑艺术化分为四种类型，曰"西而古""西而新""中而古""中而新"。凡西而古、西而新或中而古者便不可取；但是有的意见又认为这是忽视历史的传统。故步自封，局限中国建筑的发展。

上述这些问题通过实践，逐步统一了认识，广场的规划首先要满足"人"的各种活动，也要显示出开朗、雄伟、具有政治性和人民性的体形。建筑尺度，不但要满足功能需要，同时要和广场上传统建筑互相衬托，比例要协调。在建筑艺术和技术上，不分古、今、中、外，兼容并蓄，取其精华，去其糟粕。十年来的争论终于得到圆满的结论，并据此进行建设，这是建筑思想战线上的一大胜利，也是百花齐放、百家争鸣的一大成果。

改、扩建后的天安门广场和广场中的新建筑充分地满足了人民的政治集会、歌舞联欢等功能需要，并反映出祖国飞跃前进的声势，中国人民的英雄气概和开阔的胸怀以及奔放舒畅，不受羁绊的心境，具有雄伟、开朗、朴实，既严肃又可亲的特色。这些特色展现出祖国无限的美好前景，在广场上，人们感受到欢欣鼓舞，意气风发；对革命先烈的追悼，增进了人们对祖国的热爱，以及建设社会主义的力量。

新广场突破了"历史"的束缚，是传统广场的发展，并超越了传统广场。

三、深入

多年来，对中国传统建筑议论最多的有两个方面。一方面可能是出于爱国意识、民族文化感情，极力提倡继承传统建筑型式；另一方面，认为我国传统建筑千篇一律，长期以来没有变化，没有改进，与新时代、新技术、新材料不相适应，提倡现代主义。提倡传统型式者，在形式和风格上抄袭或模仿，很少探讨设计原理，作科学分析，停留在事物的表层；提倡现代主义者，有的唯"洋"是图，拒绝接受传统建筑文化，并认为中国古建筑除对文物保护者有用外，一无可取。这种完全否定、一无是处的说法，不能说是恰当的。世界上没有无源之水，也没有无源之"形"，今天来自昨天，完全否定传统的作用，不是实事求是；完全排斥现代建筑，也不合乎逻辑。"古为今用，洋为中用"是有道理的。探讨历史与现代建筑经验不是为了"模仿"，而是为了认识和理解事物的形成与发展，取其长，去其短。

　　这里提出的"深入"，指的是理解和运用中外与古今的建筑知识。自从西方建筑引进我国以来，基本上是以西方建筑为主导，特别是近一二十年来，现代主义建筑与后现代主义建筑占据了我国建筑市场。但是现代主义、后现代主义或者其他西方的什么建筑主义究竟是什么，是否已经了解很透彻，我不太清楚。不过，我总觉得，还需要认真地进一步深入研究，才能更好地为我所用，特别是对我国传统建筑，更加需要向深处探讨。

　　几十年来，我国大学建筑系学的、教师教的、建筑师作的，可以说大多数是西方体系。关于西方体系的议论也比较多。因此，这里仅就如何认识我国传统建筑谈一些看法。

　　中国传统建筑之长，并不仅体现在其独有的风格和形象上，不能谈必"大屋顶""琉璃瓦"。中国之大，民族之多，历史之久，并非只有大屋顶统帅中国建筑，应该深入"传统"，了解"传统"，在借鉴中创新，探索其设计思想和原理所在。中国建筑许多方面都具有强烈的民族特性，除立面造型之外，比如"层次、序列、轴线、园林"等，都各有特色。大家都知道，传统建筑与规划在层次、序列、轴线的运用居世界之首；在建筑布局与空间处理方面独树一帜，又富感性生活内涵；建筑艺术方面，集雕刻、绘画、文学于一体，充分体现出人工与自然的结合，特别是园林方面的掘地造山、组织借景、运用环境，微缩天然景色，虽是模仿，实似天然艺术之重现。

在平面设计方面。中国建筑和西方建筑虽然是完全不同的两种体系，中国建筑的房子包围院子，西方的院子包围房子，都是同一目的，只是两种不同的体现方法。中国以院为核心，四周布置房子，房内与室外结合，构成内外一体；对外采取全封闭形式，即内开放而外封闭。西方建筑以起居室为核心，围以客厅、餐厅、卧室等房间，院子则向外开放。实际就设计原理来分析是同一道理。中国以一组房间为单位进行组合，构成四合院。规模大者，以若干四合院组成一座建筑。西方则以一个房间为单位，若干个房间组成一座建筑。有人把中国建筑的"一组"认为是一座，把若干组组成的一座认为是建筑群，这是否恰当，似乎还值得探讨。但是不管怎样都不能以"组"来批评中国建筑"简单""千篇一律"，恰恰以组为单元，以院为核心所组成的"一座"建筑，以及内开放、外封闭是中国建筑所独有之长，它把人为空间与自然空间合二为一，同时丰富了物质功能与精神功能。这种功能效果，若和西方建筑方式融合起来，也就是吸收"洋"为"中"用，或可能是一条创新之路。

关于层次。中国建筑设计的强烈"层次"感，园林设计运用的绝妙层次手法，以及院为中心的深宅大院，是多"层次"的建筑布局。平面布局的每一层次都可以构成一处景场，假山、亭台、楼阁，此处与彼处的景色各异，前后院互相呼应。人在不同景色中、不同层次院落中移动，视觉随着动态开展，将诗情画意体现在"咫尺"空间之中，景重自然，曲折、变化、生动，力求幽雅、脱俗。人的感情随着院景的气氛、韵律、节奏而起伏与深入。这种艺术布局的艺术性来自人为，都表现于"层次"，大小空间的变化体现出人意所追求的效果。连续不断的景色在多元性中表现出统一性与整体性。

回忆北京人民大会堂的会场和宴会厅处理，便是在"层次"设计思想指导下试作的。比如故宫从正阳门开始，中华门、天安门、端门、午门、太和门，而达太和殿，进入艺术高潮。大会堂从东门开始进五道门、过五厅，始达大会会场，登上高峰。仰视天花，"水天一色"，耀眼的红五星和金色葵花格外突出。在四面环视中，使人感情激动，心情奔放，迸发出无比浩瀚的精神力量。

宴会厅面北，正对中山公园。东临天安门广场，北朝长安街。北门设重檐，以增加愉快、活泼和富丽的气氛。进北门厅，是迎接宾客的大厅，也是多功能厅。这里是宾主寒暄、交谈、联欢、互相交流，探讨国家大事等社交活动的厅堂。在装修方面力求轻松、安详。站在大厅中央，远远可望洁白、庄严、朴素、大方的汉白玉楼梯，直达二层。意在对来宾有列队欢迎、对去客有相送十里长亭的联想。希望能够表达出中国人民朴实、纯洁、好客的心怀。以光荣和崇高的敬意，迎送来自国内外嘉宾。在梯尽端高悬巨幅国画"江山如此多娇"。反向北，是国宴厅。平面是十字形，无柱。环望无阻，气势豪放。四壁饰以传统金色彩画。越窗北望，海水浪波，瀛台白塔、故宫、景山，彩色交相呼应，错落有致。东望广阔的天安门广场、博物馆、纪念碑，庄严肃穆，雄伟壮观。西望长安街，晴日可远眺西山景色；入夜灯火辉煌。节日万众欢腾，歌舞狂欢，花火似锦，美不胜收。

宴会厅就是处在这样的优异环境之中，敬待国内外宾客光临。

序列、层次、轴线，三者结合是我国建筑布局的艺术精华，规划与建筑的特性，也是民族形式。这里的序列所指如沈阳皇宫八角重檐大政殿前，有十五亭分列御路两旁，构成极美丽的"广场"序列。北京明十三陵，自牌坊开始进入陵区，牌坊的中线正对天寿山主峰，长11公里。陵区大门在牌坊北约300米。大门（即大红门）内约600米处有碑亭、华表。再往北至龙凤门，有神道约长200米。神道两侧排列18对石雕，有文臣、武士、骆驼、石马、石象、龙凤门北行5公里达主陵（长陵）。神道两侧的石雕"序列"构成十三陵的雄伟气势。石雕造型美丽壮观，序列视线深远，产生压倒一切的主导作用。

北京故宫、明十三陵都是运用序列手法的伟大实例。

轴线所指，是贯穿序列、层次的中线。故宫南至北是一条线直穿所有中线上的殿堂。中轴线把"序列"与"层次"统一起来，构成规划、建筑整体布局的宏伟气势。

总之，建筑学中（包括城市规划）有自然科学，也有社会科学。建筑师需要把历史和现代的有关科学融为一体，为人民服务。现代科学为建筑师提供了许许多多知识，可以充分发挥才华与智慧；历史也为建筑师提供了许许多多知识。特别是传统建筑，不能仅视为"千篇一律"，而是千变万化，有许多精华，需要深入体会，不能仅仅是大屋顶的搬用，或符号的抽象变形。停留在"形似"与"神似"的追求，在表层上探索是不够的。建筑师要有一切精华皆为我用的胸怀，进入"深层"发掘、研究、消化。

天地是广阔的。

1991年7月于北京

三 T（Thinking，Technique，Taste）
——建筑创作中的工具

戴复东

永生同志约我写一篇有关建筑师创作修养的文章，一开始我答应了下来，继而我感到为难。因为，首先这个题目很不好写，其次，我的修养还不够，很想打退堂鼓。但，永生同志诚意相求，一再敦促，盛情难却，敢不从命？！只得勉为其难，草草写就，求教于广大建筑师及有识有能之士。

建筑创作是一项很严肃、很艰辛、但又是非常有趣并有诱力的活动。我在1988年5月给香港著名建筑师钟华楠先生的专著《亭的继承——建筑文化

戴复东，1952年南京大学建筑系（四年制）毕业，同济大学建筑城市规划学院教授、博士生导师、名誉院长。

论集》（香港商务印书馆1989年10月出版）的序文中曾写道："建筑师是一个艰辛的职业，同时又是一个有趣的职业。说艰辛，是因为他们呕心沥血地出谋划策，'为他人作嫁衣裳''为谁辛苦为谁忙?'。说有趣，是因为他们用自己的聪明智慧，梦寐以求地不断创造出新世界，……事实上，这是一项任务很艰巨的职业。因为，从理想化为现实，要经历无数的苦难历程，可以比拟为马拉松赛跑、登山运动和走钢丝杂技。"在1990年《建筑学报》编委座谈会上的发言（见《建筑学报》1990年10期第7页）中又进一步深入全面地阐述了这一观点，建筑（广义）创作是建筑（广义）规划与设计的升华，与满足人们生活（广义）的一切要求有关，牵涉到全部人为环境及自然环境塑造问题，有关的范围很大，点深面广，内容极多。在这样纷繁复杂的情况下，要搞好建筑创作是很艰难的。

当设计者接受到一项任务时，很多问题必然会在脑海中出现；这是一项什么性质的任务? 有什么特点和特殊要求？建造在什么地段和怎样的基地上？周围的时空环境如何？投资、面积和用材的可能性情况怎样？……等等。有人会觉得这一设计任务与过去已有的某一设计大同小异，立刻想到了套用，这样就不复存在建筑创作的问题了。如果希望在以上很多浮现在脑海中的问题里找出一些与前有别或与众不同的解决办法，这就是建筑创作的开始了。

究竟如何去创作呢？这是仁者见仁，智者见智，八仙过海各显其能的事。对我说来，通过四十年来的设计、教学和科研工作，经过了无数次的学习借鉴，成败领悟，经验教训，我感到在建筑（广义）创作中三个T是比较重要的。

这三个T是什么呢？即：

Thinking（构思、见解）

Technique（技巧、技能）

Taste（情趣、品位）

它们所表达和反映的内容和方面是：

Thinking　简言之就是意是否新的问题。

Technique　简言之就是技是否工的问题。

Taste　简言之就是格是否高的问题。

在我看来，这个三T既可以作为一种建筑创作的准则，也可以是一种评定建筑创作的标准。这三者虽然可以分裂开来，可它们之间又有着密切的、难解难分的、千丝万缕的联系。它们实际上是建筑创作中三个大的方面，又是互为因果，相辅相成的。但一般说来，有了好的Thinking就类似于一篇文章能切题、扣题，有了中心思想，第一步是走对了。在这个基础上，在好的Taste引导之下，运用娴熟的Technique，就能将建筑创作中做得自我感觉良好。因此，在三T中，Thinking一般说来是占第一位的，而其他二T也是不可忽略的。如果在Thinking方面没有突出的内容，而其他的两个T或其中之一有上乘的表现，那也是应当受到赞许的。

Thinking既然是第一位的，从哪些方面可以促使它实现呢？我想大致可以从四个方面：

环境： • 与自然的结合（指大环境）：如地形，是
高山、丘陵，地形起伏、平坦，近沙漠，
在草原……；水系，动态、静态、海水、
江河湖水，……；大空间范围内的自然借
景、组景……。

• 从城市设计考虑：与街道、广场、交通线、
点的关系，形成新的街道广场……；开敞、
半开敞、封闭、半封闭的城市景观形态……；
对景和大空间范围内的借景、组景……。

• 与基地的关系：出入口位置、道路与基地关
系，……；现有存在物，树木、绿化、水
面、石、小丘、建筑物……；朝向，景向，
风向，借景。

在以上各项中，重视时空的连（延）续性
（context），是Thinking中一个很重要的
方面。

功能： • 物质功能：建筑（广义）特性，不同类型的
建筑的不同要求，最完善地去解决物质功

能需要……。

- 精神功能：从空间上、形象上、材质色彩上等诸方面表达特定的内容，这是比较不易做到的。

形态：
- 几何形态，非几何形态，随意形态。
- 空间排列上：成组、成串、成团、成格重复出现（排比）。

技术：
- 结构、施工等工程技术。
- 采光、通风、音响、洁净等环境技术。
- 面层、装修等材料技术。
- 法规、准则、规范……管理技术，等等。

至于其他二T，想另文探讨，不再赘述。

拿我自己来说，知道了三T和上述有关Thinking的内容之后，在建筑（广义）设计方面可以克服一些盲目性，但并不等于我就能搞好建筑创作。因为三T仅仅是一个构架，而人们对事物的认识和理解是分成多种层次的，有高有低，大多数情况下是处于低层次的，所以认识了与做得好不一定是一致的。

此外，有几个方面的问题与三T有关：

范畴： 对三T本身的优劣，存在着不同的看法。除
仁者、智者的不同而外，还有下里巴人与阳
春白雪的差别。喜欢下里巴人范畴的人对阳
春白雪的看法往往是：不懂，无法接受；而
喜欢阳春白雪范畴的人对下里巴人的看法往
往是：俗气，不肯接受。其实，下里巴人和
阳春白雪中都有好的和次的东西，不应一概
排斥。我认为各行其道也不错，这样可以使
世界更丰富。但一般说来，正如公元九世纪
时，唐代诗人秦韬玉在他的《贫女》诗中所
说："谁识风流高格调，共怜时事俭梳妆。"
阳春白雪总是容易曲高和寡的。而建筑停留
在图面上和建造出来给人的印象和感受有时
是完全不同，如何能使真正好的东西在图纸
阶段被理解和赏识，是需要一些伯乐的。同

时坚持真正的下里巴人，坚持真正的阳春白雪，和将下里巴人的精髓提炼成阳春白雪，以及将阳春白雪的神韵融合到下里巴人中去是都应当受到欢迎的。

深度： 对于Thinking来说，总是深刻的东西经得起历史的冲刷。因此，最好是深些，再深些。在以物质功能为主的建筑中，Thinking的深刻取决于创作者对问题理解的深浅以及与信息量掌握的多寡有关；而在以精神功能为主的建筑中，Thinking的深浅除与上述的情况相同外，更重要的是思想水平的高低。

相对： 建筑中的事物虽然千变万化，但也都有一定的规则可循，但在极少数情况下，这是相对的，有时打破常规反而会出现吸引人的建筑创作，这样的例子也是屡见不鲜的。

通过我的实践，三T是建筑创作中的一种方法或曰工具——利刃，如何才能使它锋利呢？只有永不休止地学习和实践。不断提高思想认识，不断提高与丰富自己的素养，不断提高与创作有关的技巧，才有稍许成功的可能性。

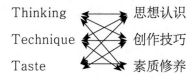

Thinking　　　　　　思想认识

Technique　　　　　创作技巧

Taste　　　　　　　素质修养

1991年9月

不同层次、地区的差异
和建筑设计的意向

齐康

我国是个幅员辽阔而自然条件和社会经济、文化差异很大的国家。在文化上，它具有古老的传统和新兴的发展。在建筑设计中如何反映历史文化和现代科技，并在不同层次（指社会经济的、科技文化的）地区的建筑中得到表现，这是建筑师面临的难题，是从事设计的重要修养，需要我们去探求和创新。

近百年来、近四十年来，中国的城市在沿海地区，不断接受西方的现代科技，城市建筑具有较先进的技术和设计方法。国家考虑到生产力的布局在国土的内地发展工业、开发资源，形成一批新兴工

齐康，1952年南京大学建筑系毕业，东南大学建筑研究所所长、教授。

业城镇并在原有城市基础上有了新的发展，改变了沿海和内地社会经济发展的比例关系，逐步提高了人民的生活水平，特别是在少数民族地区也不断进行了开发和建设。在中国西部省会城市，由于城市首位度比较高，城市建设量也较大，如新疆的乌鲁木齐、青海的西宁、云南的昆明以及贵州的贵阳等都成为该地区的中心城市。

面对着经济上的开放，沿海城市的发展带来了新的发展局面；我国的水运大动脉——长江，它的运输直通国外，它的开放又引起沿江城市的发展，上海、南通、苏州、无锡、常州、镇江、南京、芜湖、九江、武汉、重庆等大中城市都不同程度地得到了发展，沿着铁路干线及其交汇点以及矿源所在地也成为城市发展的因素，加上旅游风景区的开发，一批历史名城的定名和若干风景城市形成，都带来了新的城市建设。新设置的黄山市和武夷山市就是实例。总的讲，中国的城市化的发展是由东部向着中部至西部发展。这在国土上呈现出"T"字形。广东的珠江三角洲至深圳，长江三角洲的宁、沪、杭地区，华北地区的津、京、唐，东北沈阳、鞍山以至大连成为形成和发展成大城市带的前奏。城市的规模大小分层次，社会经济发展的发达程度分层次，科技文化的水平也分有层次。

我国有1936个县城，432个城市，它们大多是地区和县城经济文化政治中心。其中多数是以农、林、牧、副、渔为其经济基础。近十几年来，随着乡镇企业的发展，特别在发达地区，围绕着大中城市的经济文化科技的辐射，以及经济上的纵横联系，它们的性质也在转变，许多城镇由农业型逐步转向工业型。这样，从建筑业发展的经济背景上来分析，一个由发达地区、较发达地区到欠发达地区，从工业型、农业型至不同规模、性质组成了的一组组分地区，分层次的建设特点的城镇体系正在形成。我们既有较现代的建筑技术，也有次一级科技文化，也存在着相当一部分地区依然保留着较传统的建筑技术和文化。

地区的自然地理气候环境也引起差别，在传统建筑中，中国的北部处于寒冷地带，建筑以有取暖设施、承重的厚墙及木架为其特色，在中部气候温和，建筑多用木框架和砖石，而南部为亚热带地区，建筑多空透、干栏建筑、骑楼，以利通风和防雨。地形在我国的东西部也有很大区别，沿海河道出入口的三角洲，地势较为平坦，夹杂山丘，建筑具有特有的风格，而西部多山，山地建筑、架空和顺应自然的台阶建筑与自然环境交相融合。

中国是个多民族的国家，各民族悠久的历史形成十分浓郁的地方色彩。而中国历史上的长期统一，文化技术的交汇，社会的共同发展，又具有共同的建筑风格。群体的造型丰富变化而具整体。组合的四合院又随地区差异而带来差别。就地取材，因地势建屋是中国传统建筑建设遵循的设计原则。例如，福建一带蕴藏丰富的石料，其石结构建筑独具风貌，西部中国的黄土高原的窑洞生土建筑，冬暖夏凉，是当地千百万人的居住形式之一。种种差异，又由于地区工艺匠人的不同技术手法，既带来了统一风格，又千差万别。云南的民居、浙江民居、四川的民居等都独具风采。

长期的历史发展，工匠们在工艺上的特色、风俗习惯、心理爱好等价值观，在建筑装饰上也产生众多奇丽的样式。木雕、石刻、砖刻、漆雕、镏金、彩画、竹雕等成为地区建筑细部设计的特色。人民群众喜闻乐见的建筑形式，源远流长，镌刻在这块具有灿烂建筑文化的土地上。建筑的风貌长存于人民梦幻之中。在我国传统建筑的发展中，技术和艺术正像一对双胞胎，它们结合得多么祥和，多么融洽，它是人民勤劳双手和智慧创造的结晶。我们新时期的建筑师的建筑创作修养是难以将传统的建筑文化割断开来，而是在这基础上运用现代技术和文化来探求更新的新建筑文化。

在建筑历史的长河中，建筑技术和文化总是相伴而生，没有高度的建筑技术和技艺就不可能表达高度的建筑文化，二者是相辅相成的。古代埃及、希腊、罗马的建筑，直至文艺复兴的建筑都是如此，现代建筑的发展也不例外。高技术的建筑表现同样也是一种文化特征。文化所表现的是社会物质精神的综合反映，技术是物质表现的基础。某种意义上讲，没有技术的发展同样也难以表达高度的文化和文明。我们追忆建筑历史文化的过去，但不主张复古；我们重视新技术的发展和开拓，而又重视文化的表现。我们表现的是众多文化的积累，探求技术对建筑所产生的种种影响，紧紧地把握住文化的源泉——自身文化的"根"使之屹立于世界建筑文化之林。在建筑设计中，我们要根据当时当地建筑环境不断地探求新的建筑作品。为此，在不同的层次的地区创作出各具特色的建筑是建筑师应把握住的工作原则。

在技术和文化的相互关系上，传统和现代似乎存在着一条鸿沟。我认为，很重要的区别是传统建筑文化的创造大多是人的手工技术和技艺所创造的，而现代建筑文化和技术则是人通过机器制作而创造的。前者是建筑物直接用人的智慧劳动，手的创造，其建筑文化与人之间的关系是那么的直接，表现出人的直接感情，而现代的建筑是通过共同的现代技术加工过了的，大量的是间接的通过机器制造而综合显示其艺术通过形式构成、色泽、光洁度、体型等表现其现代建筑艺术（这里包括了功能、经济等）。文化在某种意义上说是个大的范畴，它囊括了科学和技术。

高文化和高技术一般地说总是向着较低层次的文化和技术流动。文化技术之间的交流、交汇、渗透，在当今世界性的文化和技术的集聚总汇中带有共同的一面。设计者很有必要从固有文化和外来文化获得营养，吸取养料而达到"古为今用，洋为中用"。而地区之间的文化交汇和渗透又促使它在新的基础上发展。在这种交汇、渗透中，有吸取，也有排斥，总之要符合当时当地的需要、特点和价值观。文化有其历史的积累，通过人们心灵之所感而表现，技术和文化之间又往往不是平行不悖的。许多事实说明，高技术并不直接带来高文化，而是通过某种中介，这种中介就是人民和民族的素质和文化的修养。由于文化是社会的文化，技术又为社会的人所掌握，作为有层次的社会，其层次性、地区性在总的建筑文化中难摆脱其差异。建筑师要善于把握和显示其差异，表现和突出其形象符号，将个性寓于共性之中，从而获取创作上新的生命力，并提高人民和民族的审美素质和价值观。

近四十年的建筑创作实践和经历，我的老师杨廷宝教授同我们一起不断探索创作之路。我们参与了国内若干地区、各层次的建筑设计，从贫穷的山村乡镇到特大城市，从严寒的北方的景点设计到南方亚热带的山庄（旅馆）设计，使我们认识到技术与文化在不同层次上的差异，它们的差异并不阻碍建筑师的创作。建筑艺术文化的求得其层次性又是可以超越，可以突破，乃至有所作为的。

几点体会和实例分析。

自然环境的剖析

在大连地区庄河冰峪沟，那儿有风景如画的景区，这儿冬天的冰冻期，气温到零下30℃，而夏日又有江南的景致，绿树成荫、山谷峻峭、流水潺潺、清澈见底。在这里，我们设计风景建筑是就地取材，运用石料砌墙，水泥板瓦，取得一种特有的山地建筑风貌。景区入口的标志也利用石料点出景区的含义——冰峪沟。天台山是浙江著名风景区，它有悠久的历史和宗教文化，为了纪念民间传说的济公活佛，我们设计时运用现代建筑的解构分析，设计并建成了济公院。为了表达这组群体，充分利用了山势地形，这儿石料也颇充足，气候温和，利用空透的柱廊和构架，在造型上形成一组富有意义的建筑群。

地区建筑文化的寻求

福建地区的民居以其特有的风格而著称，缓缓平坦的屋顶，层次错落而交叉，屋脊自如穿插又是一番风貌。我们设计武夷山庄、幔亭山房、碧舟酒家就寻求那么一种"武夷风格"。建筑和建筑群的建成被人们称之为具有地方风格的新建筑。这种植根于民间的新建筑风格一经出现，就得到当地人民的喜爱，那种迷离奇幻的风貌就与山林奇秀融合为一。

武夷山庄

历史环境的再现

近代历史中，为了革命的胜利出现了许多可歌可泣的革命事迹，为了缅怀历史人物、事迹，我有机会主持设计若干纪念建筑。南京梅园纪念馆是纪念周恩来在敌人统治下谈判的业绩。设计时为了不破坏原有建筑环境，注重原有建筑环境的保护和协调，具体的手法又以当年的建筑符号和形象再现历史的现实。墙面、门拱、雕像都反映历史事件的片段，大厅的雕像展现了周恩来及其战友们这些风云人物，使室内外空间互相串通，表现出这一特定性格的建筑。"苏中七战七捷纪念碑"也是再现历史战斗的一页，表现了当年战斗情景。以刺破青天的刺刀及战斗一页（地坪）七个枪托的印记作出了象征性的纪念。在南京，1937年12月侵华日军屠杀了30万无辜人民，设计纪念馆时就用象征的手法，从卵石地坪到断墙残壁表现了生与死，以唤起人民制止不正义的战争。

文化象征特征的表现

南京是七大古都之一，是历史文化名城，它保留有众多的历史文物和古迹。雨花台既是名胜又是纪念地。这里，山丘起伏，景色迷人，在这儿建设纪念建筑要考虑到历史建筑文化的延续和多含义的象征，使传统风格得以突破和创新。馆、碑、水池、广场等充分利用了自然环境，组合成一组开敞而又围合的空间程序。同样，天台山的大门入口亦以宗教佛塔（形似钟）与门拱相结合。历史文化是延续的，建筑设计要表达不同文化层次，以象征符号与传统形式相结合，达到对象意义的表达。

建造环境和科技的综合反映

创造良好的居住环境、公共生活环境和工作环境，设计者要作出科学分析，注重新技术、新材料、新结构的运用，同时又要关注城市环境中噪声、通风、日照等对建筑的影响。我们在设计学校、医院等建筑群时，十分重视环境设计。例如，南京鼓楼医院门诊楼地处城市交通干道，为防止噪声和地下通道的开拓，使门诊楼保有较好的医疗环境，考虑门诊的合理分科，在造型上考虑城市景观和原有医院的历史形象文脉的联系，设计时作出了有特色的建筑设计。面对外部环境的要求，采用隔音板墙和朝南向，取得良好的通风、日照和隔音效果。

自然环境的差异、历史文化环境特征的不同以及各地区技术条件的差异，社会经济发展的差别和管理者、使用者的观念的区别都要求设计者具有广泛的社会知识和科技知识，在创作的深层思维中去思考、去探索，寻求创作的艺术特点，运用现代技术寻求表现的意义。

我们设计者只能在时代发展的一定层次和进程上去创作，去探求更新。这是时代赋予我们的使命，我们需要具备这种修养。

（本文系1990年5月应邀参加世界建筑师协会第十七次大会和第十八次代表大会的发言稿。此次发表，在文字上作了修改）

1991年3月25日

成长的烦恼

——回顾与反思

钟训正

我是怀着激情和绮思踏入建筑学大门的。在此以前，对建筑所知仅是一鳞半爪，唯一的认识来源是书本图册。那时的概念是建筑隶属于艺术范畴，与绘画雕塑并列；绘画只是平面的意境世界、能发人遐思，但可望而不可即；雕塑是凝固了的灵与肉的瞬间表现，而建筑则是可触摸的物质实体、可提供人们以美好感受的空间和环境。都是艺术，自然都可以随心所欲地进行创作，几乎像阿拉伯神灯创造宫殿那么容易。一进入大学建筑系门槛，清规戒律接踵而来，老师竟像对待幼儿园小朋友和小学生

钟训正，1952年南京大学建筑系毕业，东南大学建筑系教授。

似的教我们如何削铅笔，如何裱纸、写字、用笔、使用工具等，特别是还要学那些与"灵感"相抵触的物理、微积分、投影几何、力学等令人头痛的课程。这些像紧箍咒似的飞上头来。天真的绮思黯然失色。原来建筑竟是那么复杂，那么实际和理性，受那么多的限制和约束。在专业基础课中，杨廷宝先生教我们素描，先生教学严谨，一板一眼，教我们画的是单调的几何体和残破的砖瓦石刻，使我们兴致索然，简直把我这种在自在王国放荡的野马抛入樊笼。当我得知，先生那些娴熟功深、趣味盎然的作品竟也是源于这种根基，不禁感到万分惊异。至今记得，设计初步的第四作业是渲染希腊DORIC柱式，当时我们野性未收，不耐心于细磨慢琢，结果全班只有两人勉强及格。杨老当着全系同学的面，对我们大加训斥。他说，如此学习态度，不如趁早转系。第五个作业是作西方古典建筑构图（Composition）。我想，省略希腊额坊中的卷草花纹。杨老说："想省事，你就不必学建筑了。"挨了批评，我就老老实实地认真对待了。最后，取得了最高的成绩，杨老和刘敦桢先生满怀喜悦对我这班寄予很大的希望，大有"孺子可教也"之意。一年级下的第一个作业是"桥"，指定要运用西方古典的手法。遇此创作良机，又是第一个处女作，自然就使出浑身解数，挖空心思，东加西添，尚嫌不够尽兴。而杨老删改的偏偏是我的得意之处。我心有不甘，仍顽强地表现自己，以至他忍无可忍地说："你这是干泥水匠的活，纯属画蛇添足，你还要不要学下去？"经过诸如此类的重锤敲打，我慢慢地领悟到自己的幼稚无知和创作的艰辛。在后来的设计构思中、常有苦思冥想所得的自认为巧妙的立意，经老师一点破，反变得分文不值。当自己的得意之作受到尖刻的评议，特别是击中要害时，心绪往往难以平服，甚至痛苦得不堪忍受。尽管如此，事后我总要反躬自省、痛定思改，待到柳暗花明时，那喜悦往往是难以自抑。听逆耳忠言而三思，对我来说也是一种必要的锻炼。

集思广益是使创作趋向完善的一种手段。即使是圣人，他的认识和立论也难免有时失之偏颇。"听君一席话，胜读十年书"，虽然这句话有点似客套的夸张，但可能就是一席话中的某一点，给你以莫大的启示，或在智穷谋尽时为你指破迷津，使你茅塞顿开。所以"三个臭皮匠，顶个诸葛亮"这句话不无道理。凡是妄自尊大，孤芳自赏，一意孤行的人在竞争中成功的概率是极少的。

在设计过程中，自己千呼万唤始出来的一个构想，往往在偶翻书刊中发现早已有之，甚至更为巧妙。我无意在书刊中寻找黄金屋和颜如玉，但书刊至少为我开拓一个宽广奇异的世界，给我无穷的启迪。我常常浏览各种书刊，一经发现有立意新颖的，就着手抄描，或以简图记录在案。即使是走马观花，也会留下一个粗浅的印象。抄描虽属手工业方式，倒也印象深刻。复印机问世，虽然省时省事，但在记忆库中却淡薄得多。

人们在现实生活中与建筑的实际接触是极其有限的，而且不尽理想，如果设计创作单纯凭借于此，超越它们是不可能的。因此，书刊是我们获得知识的重要来源。书刊集中了人类的智慧，为你广开思路，为你提供大量的创作"词汇"。一个书刊匮乏的建筑系，其教学效果是不堪设想的。书刊中汇集了世界新潮。虽然我本人土气十足，但在设计范畴内赶新潮，却不甘落后。刚学建筑时，学的虽是皮毛表象，然而在寻机施展表露一番的同时，往往又以这种新潮意识来评价别人的设计。一般地说，学生作设计，对社会不承担太多的直接责任，反正是空对空，新潮倒也有用武之地。然而，一旦走向社会，新潮与现实是那么格格不入，半瓶醋一晃荡，立即招来嘲弄和非议。以新潮为衡量现实的准绳，感到处处不如人意，似乎都不屑一顾。那时血气方刚，初生牛犊，豪气十足，不知天高地厚。记得，初投入工作，下车伊始，就莽莽撞撞地对周围的建筑妄加评议，又不留余地。结果落了一个狂妄之名，还造成不少人际隔阂，惹来不少难以补偿的麻烦。

接触实际之初，在物质技术上，特别是在经济上处处受阻，平方米丝丝紧扣，玩不出空间游戏；所能采用的材料极其有限，做不出无米之炊；结构和设备对平面和空间布局严格制约，自由度有限。在意识形态上、社会审美意识和文化素养的明显差异，领导的一锤定音，再加上自己缺乏生活和生产知识以及心理学方面的无知等等，使原来海阔天空的畅想顿成泡影，简直是一筹莫展，举步艰难，一切似乎都得从头开始。经过漫长岁月的煎熬，逐渐学会综合各种因素统一思考，虽不到得心应手、珠联璧合的地步，但也不致临事手足无措。

年轻时，我总相信真理只有一条，看问题常绝对化，简单化。自以为是非分明，果敢决断，对杨老的模棱两可的口头语："也许""可能""无不可"等不以为然。日久天长，慢慢理解到影响建筑创作的物质，精神和社会因素的复杂性。孰轻孰重，会带来迥然不同的结果。如果只认定走一条真理的常规之路，只会产生千篇一律的平庸之作。初搞教学，受了一点"左"的思潮的影响而走上"真理"

之路。当时，所教的这一班竟被戏称为"标准设计室"。对设计创作来说，本来就条条道路通罗马。出其不意，甚至反其道而行之，反而带来非凡的效果。当然，为此必须付出数倍于常规的艰苦劳动。"山重水复疑无路，柳暗花明又一村"极富哲理，于无路处，往往可探寻出一个天朗气清的新天地。

初出茅庐，最不能耐的是设计过程中的反复折腾，无休无止，最后一切皆空。还总以为这是中国所

特有的。从国外书刊上，欣羡建筑师们似乎进入了自由王国，无拘无束，什么奇思怪想都得以实现，特别是那些大师们，简直是为所欲为，业主们巴结唯恐不及，感叹唯独在我国偏多坎坷。后来，有机会访美并在事务所工作相当一段时间。发现书刊上的怪诞之作虽在那里也只是凤毛麟角。业主不会轻易让建筑师的畅想在他的财产上纵横驰骋，除非大企业主为了商业宣传效果。一般仍讲求实惠。我所参与的多项工程，其重大者大多数都饱经沧桑，或易主，或投资更改，或业主三心二意，或受舆论制裁，而更改再三，可称得上胡子设计，到头来不少还是竹篮打水。

我自幼喜爱绘画，弄到画片画本如获至宝。最初只是临摹，后来以临摹所得的技法来写生。当时，无师可从，全凭自学，虽然作品未登大雅之堂，但在那文化低微的小天地里，却也得到一片赞扬声，自我感觉有了几分才气。在飘飘然的同时，也激发出积极性、美好的理想，而抱负也因之膨胀，前景似乎一片光明。然而，赞扬声所激发的积极性因无良师点拨，难免使自己走火入魔、陷入僵硬的程式而难于自拔。当时，几乎把油画和水彩画混为一体，水彩仿油画的色彩堆砌，不然就磨得发腻，习惯成自然，改正也难。自进入建筑专业大门，眼界豁然开朗，再得老师指点，总算走上正途。回顾过去，不觉汗颜。羞愧之余，不忍再睹过去的"劣迹"。

大学毕业以后，时间上较有余裕，业余倾注大量精力于绘画。当时，对名噪一时的美籍匈牙利人Kautzky的画大为倾倒，认为他用笔刚劲奔放，简法概括，层次分明，粗粗几笔，效果立见。于是，对他的画风刻意仿效。有一年暑假、尽摹Kautzky铅笔画册的全部。然后，又致力于写生和录绘照片资料，乃至于人物画，几乎达到狂热的程度。那时得到多方的褒扬，被人称为钟斯基而洋洋得意，自以为得其精髓。欲定其为今后自己的风格。杨老当时很不以为然，正在我忘形发热之际，给我泼来一瓢冷水。他恳切地说："你年纪还轻，不要急于建立自己的风格和独家手法。应博采众家之长，勤学苦练，融会贯通，日久自然水到渠成。某一家的独到手法也是经过他本人刻苦探索，千锤百炼，才达到炉火纯青的境界。虽得之不易，但也并非无可挑剔。如Kautzky的画刚劲有余，柔润不足，表现力不是那么宽广……你要学他，形似易，神似难，超过他更属妄想，除非你改弦易辙……"（大意）。他又说："用笔的简练、豪放、传神，必须出自深厚的功底，不要看人家传神的寥寥几笔。该凝结了多少年的心血。粗要出自细，从功深的细得到解脱和发挥，才能获取神韵……"（大意）。杨老的这番教导，一语破的。对我震动极大，几乎动摇了我的根本，否定了我引以为骄傲和拿手的看家本领。经过一番激烈的思想斗争，终于决定：改。首先，我丢开粗扁头的铅笔而改用细铅芯的自动笔。细细品味几位名家的作品，琢磨他们各自的特点，留心之余，似发现了新大陆。那时，特别敬仰的是OTTO R.EGGERS。他的画细而不腻，严而不僵，雅而充实，意境深邃，场景开朗，刚柔并济，收放自如。有了这些范本，加上自己耐心地对光影、层次、空间感、氛围的推敲，以风景照为题材，画出了大批习作。自觉逐渐地进入角色，似乎发现了前所未见的新天地。反观自己的考氏风格的作品，只觉粗野浮躁，不堪入目。那时作画我很注意快慢结合，也画了一批时间紧迫的快速写生，虽然考氏风犹存，但多少还有一点自己的东西。自满之心又油然而生。后来，在国内外见到不少优秀作品，各种书刊中也展现了一个缤纷的世界，山外有山，天外有天。一经对比，自觉达到艺术的高超境界，路途确实遥远。就以Kautzky和Eggers来说，我至今还难望其项背。艺海浩瀚，穷毕生之力能熟稔一二，就算万幸了。

艺术的探索几乎无捷径可走。伟大的艺术家无不在千千万万张习作和作品上建立自己的丰碑。天才是勤奋所培植的。像我这种笨鸟，除了勤奋，别无他法，自然更要振翅先飞了。50～60年代，特别是60年代初，我热衷于铅笔画。铅笔画保存不易，因保存方法不得当，除部分速写外，几乎尽毁。铅笔画复印及印刷，效果很难符合理想，色阶和层次明显减少。70～80年代，铅笔（指用墨水的）画在国内外盛行，复印和印刷，都可保持原作的风貌不变。当时，我从书刊上搜集了大量资料，无复印设备，只好选其精彩的全部徒手描绘，尽量一丝不苟地保持原作的笔触、疏密关系和神韵。我使用了特制工具和近乎微雕的技术。相当长的一段时间画出了瘾。方法虽笨，方式虽傻，从中倒也学到一些现代的表现手法。

经常与志同道合者共同交流切磋，并探讨和分析各家的优秀作品，是取得进步的有效途径。"知己知彼"也通用于艺术的探索。以彼之长度己之短，知不足而有所追求。如果闭门面壁，再大的悟力，也难取得辉煌的成绩。有个别画迷，一味埋头苦画，完全处于密闭状态，几年下来，倒也成果累累，只是第一张与最后一张水平并无明显的差异。

当初学KAUTZKY也不过是想走捷径，追求痛快淋漓，一蹴而就，求表露阳刚之力道和潇洒的气度。在教学中发现年轻人学习也有相类似的追求，而且影响面深广。他们鄙视细腻工整，仰慕气度非凡的大笔一挥。他们探求自由洒脱，狂放不羁的情趣，热衷于用夸张的手法画那些古老破旧的题材，给对象加以任意的变形和抽象，几乎是完全跟着感觉走。然而，一旦要表现严谨简洁的现代建筑，往往就不知所措。建筑画在艺术殿堂不占重要的席位，讲究写意的艺术大师们可能不屑一顾，因为它是写实的、带技术性的，必须明确易懂，属下里巴人，这在任何时代任何国度都无甚差异。

检验自己的作品是否有所进展，最好的办法是审视过去的成绩。如果认为仍是无懈可击或满意的成分居多，那就无进步可言。反之，若感到遗憾、幼稚，甚至于羞愧，进步就显而易见了。可能这种感觉出于眼高。眼高手低未尝不是好事。眼高，就有了目标和方向，然后手紧紧跟上，使眼手相协调。眼始终要领先于手，最怕的是眼不知好歹，不辨是非。眼高一定要以手勤配合，评论家和口头建筑师当然又另当别论。我感到可悲的是，对60年代自己的作品并无不满。

我这个人虽然笨，但还有几分认真，无论正图或草图，我都把它当一回事来干，总想画出自己的水平。哪怕是粗略的几笔，我也要先画一张底稿。只要时间许可，画一张建筑图，我一定先求作透视稿，甚至在透视稿上画上简略的配景。

在建筑设计领域，我也算混了40年。教训可算不少，经验至今还有点模糊，成绩说来就更惭愧。我想做而未能如愿的事，可以用五个字来概括，即：

博——博识，了解世界究竟有多大，通"罗马"的路可能有多少条。

纳——纳各家各派之所长。

融——融会贯通。

虚——虚心。

勤——勤奋，还要有点激情甚至狂热。

其中勤是最关键的。

虽已步入花甲之年，还想尽力做到这些。

1991年8月

激情·才思·技巧

——创作三要

彭一刚

建筑创作和其他艺术创作一样，同属于创造性劳动，应力戒陈陈相因，而渴求有所突破和创新。因而，它需要激情、才思和技巧。

一、创作需要激情

创作，首先需要激情，一股炽热的激情。应当承认，凡人都具有探求新东西的欲望和要求。人类历史说到底就是一部改变原始自然状态的斗争史。当今的物质文明和精神文明与上古类人猿时代是根

彭一刚，1953年天津大学土木建筑系建筑学专业毕业，天津大学建筑系教授、博士生导师。

本无法相比的。这种天渊之别正是人类为改造客观世界而进行创造性劳动的点滴积累逐渐形成的。倘无这种积累，人类就不会从各种动物中分离出来，至今依然停留在类人猿的自然状态。人类所具有的这种创造能力从哲学上讲就是所谓"能动性"。这种"能动性"可以说是人皆有之。但是具体到每一个人，却因开发利用的不同而大相径庭。有的人虽然有创作的欲望和要求，但不甚强烈，小有改善便心满意足，或稍遇困难便止步不前。这种人常常信奉"知足常乐"的哲学，在改造客观世界的行列中只能随大流，不可能有很大的作为。另一种人，他们永远不满足于现状，而力求改变它，尽管遇到重重困难，但从不气馁，而志在必得。如果说，他们也有自己的信念的话，那就是凡是确定了的目标，都要锲而不舍，执着地追求。一切大科学家、大文学家、艺术大师都属于这类人。他们成功的根本诀窍，就在于有一股炽烈的开拓和创新的激情。正是这种激情化为强大的动力，驱使他们顽强拼搏，破旧立新，从而在各自的领域中达到前所未有的新高度。

建筑师的职业本身就是一种创造性的劳动，倘不创造，人们完全可以依样画葫芦，照老例盖房子，那么还要建筑师作什么？但是，作为建筑师却应当反躬自问：对于创作究竟怀有多少热情？出于任务观点，建筑师单纯追求平方米而东拼西凑，这还可能有什么创新呢？为谋求方案顺利通过而迎合某些世俗偏见或四平八稳，不求有功，但求无过，这还可能有什么创新呢？为一时风头而滥用噱头，虽时髦一阵，但终难持久，这也不可能有什么真正的创新。

创新，意味着破旧，既不能畏缩不前，也不能鲁莽从事，凡有亲身经历的人都必定会体会到其中的甘苦。那绝不是一件轻而易举的事，而是一场极艰苦的脑力拼搏战。为了取得成功，就必须具有必胜的信念和强大而持久的动力来维持这场搏斗。然而，动力从哪里来？回答只有一个，那就是强烈而炽热的创作激情。为此，我们应当把创作激情放在建筑师素质的首位。

应当承认，以往的建筑教育对于培养和保护学生的创作激情是做得很不够的。军队要克敌制胜，必须具有必胜的信念、高昂的斗志和献身的精神。然而，我们的建筑教育毕竟受学院派的影响太深，加上我们传统的封建的教育思想根深蒂固，所以总是注重于传道、授业、解惑，而对于培养学生的创造精神则既不重视又束手无策，有时甚至还可能排斥和压制这种精神。有不少青年学生很富有想象力，他们不甘人后，不满足于现状，总想有所突破，这种精神如果正确地加以引导，完全有可能形成一股炽热的创作激情。然而，不幸的是这种精神却每每因为"不听话"或"不虚心"而受到训斥和批评，以至逐渐被消磨殆尽。我们的民族素以谦虚作为一种美德，然而，谦谦君子以致自卑则可能有损于人的自信心。我甚至怀疑我们长达几千年的封建社会进步缓慢，不知和这种道德观念有无关系？！

再一种干扰就是不适当地批判树碑立传和个人名利思想。在相当长的一个时期，我们是反对拔尖和成名成家的，以致培养出来的学生只能庸庸碌碌而胸无大志。应当指出，社会的进步固然基础在于人民群众，但也不应当否定先进人物的带头作用。那种把群众和先进人物对立起来的观点也不是历史唯物主义的观点。如果不把想当大师看成是一种个人野心，而作为理想和抱负，那么我们就应当理直气壮地去鼓励学生争当大师。即使鼓励人人争当大师，事实上能够成为大师的依然是凤毛麟角。如果不鼓励、甚至肆意扼杀，那么就更不可能造就出大师来。这种历史教训应当引以为戒。

二、创作需要才思

才思是天才、灵感还是想象力？这个问题确实不容易讲清楚。天才、灵感过去都被当作唯心主义的东西而受到批判，从而成为不敢涉足的禁区。然而，如果面对事实，我们就应当承认人和人之间总不免有一些差别。这种差别固然和客观环境的影响有着密切的联系，但是要说和先天毫不相干恐怕也是有违事实的。当然，任何天才都不能坐享其成，要获得成就都必须付出艰辛的劳动。但也应当看到，即使付出大体相同的劳动，不同的人所能攀登的高度不是也会相差甚远吗！

至于灵感，这就更加玄妙了。在西方，有人把它看成是一种"直觉"，一种潜意识的活动。人们在从事创作活动时其思维过程是异常复杂的。一般地说，科学家经常是靠逻辑推理的方法来进行思维活动，但某些重大的科学发明又每每离不开直觉。艺术家从事创作活动主要靠形象思维，这种思维形式可能更离不开直觉。

我们在从事建筑创作活动时也可能有这样的体会：有的时候即使苦思冥想，绞尽脑汁，也一无所获。但就在这山穷水尽的时候，经由某种偶然机缘的触发，就像得到了某种天启而顿开茅塞，产生了某种新意念。这种情况就像人们常说的"踏破铁鞋无觅处，得来全不费功夫"。应当怎样来解释这种复杂的思维活动呢？单从现象看似乎是某种偶然因素在起支配作用，但要深究便不难看出，如果没有丰富的知识、经验作为根底，而坐等偶然因素来触发灵感，恐怕也是断无希望的。

偶然和必然作为哲学的基本范畴，人们历来总是强调必然性在决定事物发展进程中的作用。然而某些最新科研成果的取得，又促使人们把注意力放在偶然性的作用上。美国作家阿尔温·托夫勒所著《第三次浪潮》一书中曾有一节名为"白蚁的启示"，援引科学家普里高津生动描述白蚁是如何从无组织的活动中，筑成具有高度结构的蚁巢："开始的时候，白蚁在地上随意爬行，这里停停，那里停停，积存一点'黏性物质'，这种积存物的分布，完全是偶然的，但是这种物质含有一种化学引诱物，把别的白蚁吸引过来，慢慢地积成柱状或屏障状。如果这种积存物彼此隔离，工作也就停止了，但偶尔两个积累物彼此挨得很近，形成一个拱形结构，于是就形成一个复杂的蚁巢的基础。'一个随意的行动，就变成了高度精心修建的相干结构'。混沌产生有序"。这种情况和我们在方案构思时的思维活动十分相似：也是东想想，西想想，但依然混沌，没有什么结果。可是想得多了，也会偶尔从混沌中产生出某种井然有序的意念。这种瞬息即逝的"偶然"，大概也就是所谓"灵感"吧！

所谓独出心裁，往往也不是从一开始就从脑子里迸发出来的，而是在反复的思考中灵机一动才偶然得到的。所以，作家、艺术家、建筑师都不应当排斥这种偶然性的灵机一动——也就是所谓的灵感——在创作中所可能起到的积极作用。

至于想象力，对于建筑创作来讲，其重要性则是不言而喻的。建筑设计和其他一切艺术创作一样，都是属精神生产的范畴。很难设想一个想象力贫乏的人能够在创新的道路上迈出多大的步子。关于想象力，有许多建筑大师都认为是教不会的。但教不会的东西并不等于学不到手。想象力大概是人所共有的，但高低、上下、快慢是会有所差别的。它可能与知识、经验的积累和储存有着某种的联系。"温故而知新""熟读唐诗三百首，不会吟诗也会吟。"这些勉励人们勤奋好学的格言并不完全是教条，它至少说明新的东西可以从旧的东西蜕化而出。任何天才，如果头脑中一无所有，大概也是连什么东西也想象不出来的。我们自己的创作实践也可以证明这一点：每当构思方案时，头脑中所储存的各种信息都在里面沸腾、翻滚，忽隐忽现，偶尔有两三种信息相互挨近或碰撞，便常常可以诱发出一种崭新的意念。以此为契机进一步调整、改进、丰富、完善，则可以创造出一种原先所意想不到的新方案。这样一种微妙的思维活动过程，其实和前面所讲的白蚁筑巢的情况十分相似，如果说可以用它来类比灵感或想象力是怎样形成的话，那么就一点也不神秘了。既然不神秘，为什么教不会呢？问题就在于它不同于技巧或方法，而关键在于积聚和储存，它不可能一蹴而就，而需要日积月累。从某种意义上讲，信息的储存量越大，它的密集程度就越高，不言而喻其挨近或碰撞的机会就越多。这就意味着想象力越丰富，灵感就来得快、来得多。从这里也可以悟出"勤能补拙"的道理，勤于积累、即使反应慢一点，也可以弥补先天之不足。

在建筑创作中，我们常说要"继承传统"，要"古今中外皆为我用"，我想，要继承得好、用得好，首先就要大量地积累这些东西，了解它，熟悉它，到了相当密集的程度，自然会把它们熔铸在一起，并从中蜕化出我们所渴求的新东西来。

三、创作需要技巧

有了高昂的激情和丰富的想象力，还不能保证创作意图能够顺利地实现，还必须熟练地掌握有关构图的法则以及建筑处理等技巧。一个富有新意的设计方案，首先取决于建筑师的立意和构思。这就是说立意要新，要切题，要顾及到与环境的协调关系。但是立意毕竟还是属于建筑师头脑中的一种主观想象，要把这种想象化为具体的方案，还有一段很长的路程要走。常常会出现这样一种情况：作为一种意念在头脑中想象得很好，但一经画在纸上其效果并不理想。问题何在呢？有两种可能：原来的设想就有毛病，这就促使我们重新考虑问题；另一种可能则是处理跟不上去。犹如一件雕塑品，虽然有了一个大体轮廓，但终究还是毛坯，还需要调整各部分之间的关系，还有待于精雕细刻。同一个毛坯，在不同人手中还会因为处理不同而呈现出大为不同的效果。一个技巧娴熟的高手，通过对每一个部分的推敲琢磨，可以达到尽善尽美的境地。但在生手那里却不得要领或顾此失彼，以致弄得面目全非。

建筑师也有他的职业技巧，这就是组织空间、塑造体形的艺术，以及深入到每一个细节的处理。每一位建筑大师都凭借着自己所匠心独具的一套构

图技巧来体现他的设计意图，否则就必然沦为空头
的理论家或想入非非的空想家。过去，我们曾把建
筑构图技巧看成是建筑师的基本功或看家本领。近
年来有一种议论，认为这是一种已经过了时的陈腐
观点。其理由不外是建筑构图理论主要是从西方古
典建筑中总结出来的，它已经不能用来解释当前建
筑处理中所出现的许多新手法。殊不知构图原理虽
源于古典建筑，但一经上升为形式美的基本规律，
便带有普遍性的意义。如果我们不是以僵化的态度
把它奉为一成不变的教条，它依然可以随着时代的
步伐而不断地充实、更新，并反过来指导当前的创
作实践。

再说，建筑创作也不单是限于形式处理，它还
要涉及功能、技术、经济等一系列问题，要是从
学科方面看，它可能要跨越生态学、社会学、行为
学、心理学、美学以及技术科学等宽广的领域。所
有这些方面既是形成方案的依据，同时也起着限制
与约束的作用，所以从某种意义上讲，建筑设计犹

如解多元高次联立方程式，如果缺乏熟练的技巧，必然要顾此失彼。反之，要提高综合解决矛盾的能力，则必须加强技巧训练。

再一点就是表现技巧，它是建筑师赖以表达设计构思的一种手段，也是建筑师所应当掌握的。对于这个问题，目前也存在着不同的看法。有一种观点认为，对于新一代建筑师来讲，表现技巧已无关紧要，他们只要用脑子来想就够了，至于动手来画则可以请别人或计算机来代劳。劳是可以代一部分的，但是完全仰仗别人或计算机恐怕也是不行的。我们对于表现技巧常常有一种极其狭隘的理解，即认为就是画一张五彩缤纷的透视图。这种定案之后的透视图画不画或者由谁来画确实无关紧要。但是用来推敲设计方案的草图恐怕很难由别人来代庖。况且任何高明的建筑师也不会有那样的自信，即肯定自己所设想的东西必定是好的，而为了检验自己的设想，总得把它先画出来，以期发现问题再作修改。难道可以把自己头脑中的这些最原始的想象也借别人的手画出来吗？当然不能。

再说，表现能力和想象力也是相辅相成和互相促进的。从某种意义上讲表现能力就是想象力的一种折射，通过这种折射既可以检验想象力又可以反过来刺激想象力，以促进它进一步发展提高。那种自以为想得很好就是画不出来的人，很可能还是没有想好、想具体、想真切，换句话说，其想象依然停留在一种朦胧、含混的状态。这时，只有借助于表现才能使这种朦胧、含混的想象逐步地清晰、明确起来。

当然，表现技巧只是一种手段，而不能当作一种目的来追求。更不能误认为画得越好，方案就越精彩。目前，借表现技巧来掩饰方案的平庸的现象，确实也是存在的。这种现象很像魏晋南北朝时曾流行一时的骈文：只讲求句子的对仗和声律，而忽视文思的意蕴和内含，尽管词句华丽，读起来郎朗上口，但却不能给人留下深刻的印象。本末倒置，以高超的技巧来掩饰本身的缺陷，其结果只能是自欺欺人。

对于渴求创新的建筑师来讲，激情、才思和技巧是缺一不可的。激情是创作的动力，不仅在"临战"的时候可以激发人们的创作欲，而且也促进人们在平时为丰富想象力而从事艰苦的知识和信息的积累和储存；促使人们为熟练地掌握技巧而勤学苦练基本功。才思是创新所赖以产生的思想源泉，为此，则必须最大限度地发挥出人的主观能动性，以期匠心别具，心裁独出。至于技巧，则是体现构思或意念的工具和手段。无论多么杰出的构思或意念要化为具体的方案，都必须借助于技巧。如果不掌握相应的技巧，再美的构思也只能像海市蜃楼一样，只是一种可望而不可即的幻觉。当然，激情也需要由才思和技巧作为基础，否则，这种激情如果不衰落则必然要变成一种狂想。

（原载1986年第4期《新建筑》）

建筑创作浅谈
——从学建筑和教建筑中想到的……

聂兰生

在建筑学领域里，似乎没有什么攻不下来的深奥理论，也没有解不了的难题。但不论你花多少功夫，都会感到不足。不管是学生作业，还是建筑师的图纸，总是到最后一刻从图板上拿下来，才算是完成了。如果没有时间限制，建筑师面对自己的作品，会沉溺在无休止的思索之中。

在大学里读建筑系，拿毕业文凭并不难。教书大半生，没见过几个因主修课——建筑设计不及格而被淘汰的学生，但学有成就者也为数不多。人们常说，建筑学是个"易学难攻"的专业。其实"进

聂兰生，1954年东北工学院建筑系毕业，天津大学建筑系教授。

门"就不容易，且又是个越学越难的专业。有些学生在毕业之后慨叹选错了专业。内中甘苦只有学过来的人，自己知道。有一点同所有学科一样，学建筑非得下点死功夫不可。作学问如同作战，故有"攻读书文"一说。学建筑也得有点"攻坚"精神，才能有所成就。至于"素质"和"天赋"，我只感到，具有良好的素质，不过学来不那么吃力罢了。再好的天赋也得认真地去学，没有"投入"，也就没有"产出"，这条规律也适用于学建筑。

一、执着与进取

- 执着

勤于耕耘才会有所收获。在建筑创作的天地中，成果突出的建筑师，无一不是对事业热情投入的。坚定不移的求索精神以及对信念的执着态度，使他们在事业上取得成功。

一件作品，无论规模大小，如要能发出一个小小的光点，叫人感到它的存在、它的影响，创作它的建筑师不知要付出多少精力。创作者的心血，在这里转化为蕴含在作品中的能量施放出去。

一个专门从事于创作活动的建筑师，一生中不知要完成多少件大大小小的作品。打开名建筑师的作品集，无论多么小的作品或多么宏伟的工程，看得出他们都是一丝不苟，全神贯注地去完成的。山不在高，水不在深，项目无论大小，一件佳作的问世，总是设计者全身心投入的结果。日本建筑师安藤忠雄常说的一句话"我不仅是用我的知识去创作，是用我的心去创作"①。他从事建筑活动20多年来，向社会提供的作品，无一不精，无一不好，又无一不小。的确，建筑师在完成一件作品时，要想成功，就得充满感情地投入，孜孜不倦地求索。要说每件作品都做到家，这并不容易，但总应该做到底，全力以赴地把它做好。作一幅画，精心构思，着意落

---

① 安藤忠雄——日本的建筑家，丸善株式会社出版。

墨，画成之后悬挂中堂，希望与时共存。作一个建筑更应该如此。珍惜每一次创作机会，每一次创作活动都会使自己前进一步，都是一次走向成功的机会。素养在积极求索中提高，而不是在平庸的积累中获取。

- 竞争

建筑系的学生一升入到三年级，就有机会参加设计竞赛，一试高低。竞争、进取、突破、成功，这是建筑师所应有的十分可贵的精神。经常自觉地把自己置于竞争状态下，就有可能做到最大限度地吸收，最高水平的发挥，或许这是建筑师自我造就的良好途径。因为想获得最高的期望值，就得有最多的投入，只要意识到竞争，就得全身心地投入。经常把自己放在最高层面上去比较，才能深刻地了解到自己的不足，也就能够客观地评价别人，认识自己。无论胜负如何，竞争使自己增加搏击意识，而不去随波逐流。竞争意识强的建筑师，他们的专业素养提高的会比别人快，才华也会得到充分发挥。

• 求索

人类是理想的动物，无时不在寻求他们在现实中找不到的东西。人总是在理想和求索中生活。

每个建筑师都有自己的创作追求，这些追求，无不受社会各种文化思潮的影响。建筑的社会性决定了建筑师的创作观。如果说地域的经济、文化和公众的审美习俗给建筑创作以客观制约的话，那么，建筑师的创作观则给作品以主观的限定。同一项设计任务，可以征集到若干个不同的设计方案，这些方案的差别源于建筑师对课题的理解和创作追求以及他们的业务素养。按常理，建筑师能够在诸多的限定中，提出最佳的方案设想，达到主客观一致时，作品才有可能实现。建筑师的创作追求因人而异，而社会的选择又是多角多面的。风格流派的存在给社会提供了多种选择方面，也给建筑师以施展才华的机会。长期的实践活动，形成了建筑师的观点、方法、风格。执着求索，努力铸造上乘的作品，有益于建筑创作的繁荣。庞大国土的地域差别，也能够接纳这些执着于不同创作追求的建筑作品。

二、敏思与熟虑

• 敏思

"敏捷诗千首，飘零酒一杯"，这是杜甫笔下的李白。敏思这个素质对哪个专业来说，都是极为可贵的。建筑界常说的"出手快""方案来得又快又好"，哪个单位也都欢迎这样的人材。敏于思，慎于行的人，做事情成功的概率高些。敏思可以使人提高工作效率，等于赢得时间，成就和贡献相对说来也就大些。学校和社会都应该注意培养效率型的建筑师。

敏思不完全靠才华，敏思的背后是大量的知识积累。"水到渠成"，早有储蓄才能即兴发挥。这和素质、性灵固然有关，遇事能表现出"才思遄飞，如瓶泄水"，首先是瓶子里有水！积累得多，释放得自然也多。敏思的素质锻炼不外是主观上积极获取知识，客观上取得发挥的机会。

与其泛谈敏思倒不如细说积累。专业知识的学习与积累，下功夫，花力气自然是要的。这里也有个选择和过滤问题。择善而从，要能识别"善"。良莠并收，等于浪费了一半的精力。对建筑作品中"善"与"美"的识别，本身就是一种素质的锻炼与培养。在识别优劣的过程中，对自己的作品和素养的识别是最难的。因为如果洞察到了问题的症结，也就能够消除它，境界自然也就高一层了。建筑师的审美、择善的能力，是在不断的学习和实践中培养出来的。

建筑学是个社会性极强的学科，关联域极广；文学艺术，哲学，心理学，甚至于生活交往中都可找到使人动情的东西。摘取你生活和学习中触动感情最深的事物；收集令你爱不释手的作品，并把它集中起来，日后总会释放出能量。正如杨廷宝先生说的，"处处留心皆学问"。建筑师应该培养自己敏感的观察力并保持对事物的新鲜感。否则，熟视无睹，总调动不出感情去观察，去思考，"花缘艳绝难栽好，山为看多咏不成"，也就难于积累和收获了。

学以致用，有大量的储备，也要有即兴的发挥——"如瓶泄水"的技能。否则，瓶子里装满了水，就是打不开塞子，久而久之水也就腐了。学而不用变成一只书橱，日久天长，也就蛀了。

"出手快""构思快"也是长期训练的结果。如果夙日确实学有所得，思绪明确，技巧熟练的建筑师能够在短时间内把构思具象在图面上转化为建筑方案。这并非是一日之功，靠的是熟练。熟练本身就是一种才能，因为只有掌握规律之后，才会有"熟练"这种本领。

- 熟虑

敏思只能很快地打开建筑创作的大门，大量的工作要在熟虑中完成。诗人写诗追求到"语不惊人死不休"的地步。一件优秀建筑作品问世，也是在建筑师的苦心求索和深思熟虑中完成的。1986年丹下健三在东京都新厅舍设计竞赛中获胜，当记者采访时问及他总共做了多少个方案时，答曰：50个，连同模型方案共100个。[①]，当贝聿铭先生接受法国卢浮宫的改造任务时，他首先做的事是学习法国历史，了解法兰西的文化、精神。研究卢浮宫八百年来的历史——建设、破坏、改造直到今天成为一座多功能建筑群的演变过程。从而认识到卢浮宫虽然是法兰西精神和文化的象征，但它又不是一成不变的。在这个至高无上的艺术圣境中，摆上一个现代派的玻璃金字塔，而又能被那里的社会公众所认同。不去认真研究法国的文化和卢浮宫本身，是想像不出这个方案来的。[②]

熟虑也是把思维活动转化为现实成果的重要过程。从方案构思到作品完成，中间要经过若干层次的推敲，若干方面的配合。一个精彩的作品处处精

---

① 情报化时代の建筑は心に语りかけるものを，建筑文化，1986年5月号。
② ル一ブル美术馆大改造では伝と现代との调和国る，建筑文化，1986年11月号。

到，无一不好。"细部之和大于总体"，这话不无道理。因为，人总是从细部上去感受建筑，细部也在精神和感情上给人以影响。于是，尺度、分寸的推敲，选材用料的审慎，一门一窗的处理，内部与外部的呼应等等，无不在考虑之中。

莱特作小住宅设计时，连家具也一同考虑。村野藤吾在最后一个大型作品新高轮王子饭店创作过程中，他亲自主持参与施工图的设计，而那时他已九旬高龄了。大谷幸夫作的1983年获日本建筑学会奖的金沢工业大学，从广场的雨水排出口的处理，到教室里的灯具设计，乃至建筑各处的细部纹样，无不统一在整体的韵律之中。重视细部设计，才能把握住作品的总体效果，掌握住细部设计才有可能掌握作品的全局。

三、表意与言情

建筑是有空间形象的文化，它不比文学、音乐等纯意识形态领域中的文化形式。它给人的感受不是联想，而是要人们在这个实在的空间中去生活，去体验。建筑创作活动的主要过程，是把思维成果转化为物质空间，转化的手段是表达。用图像表达空间形态，用文字表达构思逻辑。善于表达是建筑师不可缺欠的素养之一。

• 表意

在建筑创作活动中，立意构思在先，表意言情在后。如果立意新颖，构思拔群，善于表达本可以使一件优秀作品问世，不善于表达则造成中途流产。这里提出的表达是指组织空间的技能与图面表达的技巧。工作中常常遇到这样的事例：立意、构思颇有新意，就是组织不出来他自己所想象的空间形态。作出来的方案和原来的设想大相径庭。"心灵，手不巧"则使人陷于想得出来做不下去的窘境。"心比天高"是建筑师张开想象的双翼向高层次作品追求的意志表现，应该说是无可厚非的。但最好的设计要用最佳的手段才能表达出来。掌握组织空

间的技巧，是把构思转化为现实的重要环节。这里
包括对物质功能、技术条件、环境条件等诸多矛盾
的处理能力，空间的组织和构图能力，审美水平。
具有这些能力，才能完成一件理想的建筑作品。总
之，这些应该算是建筑学专业的基本功，也可以说
是建筑师的看家本领。

　　常说图纸是建筑师的语言。建筑作品通过各个
阶段的、不同深度的图纸把设想完整地表达出来，
才有可能实施。所谓完整地表达是指从方案构思阶
段的草图到实施阶段的施工图。因为建筑创作的最
终目的是向社会提供一个满足各种生活行为的物质
空间，而不只是构想出一个方案，或者是一张漂亮
的图纸。绘制各种内容的建筑图也是建筑师的职业
技能，不应该轻视它。或许就算是"薄技"吧，但
俗话说："家有万贯，不如薄技在身。""薄技"在一
定条件下会起关键作用。谁把"薄技"掌握在手，
谁就能为作品锦上添花。长于图面表现的建筑师，
有他们的优势。其实，图面表达能力与组织空间能

力息息相关。不少优秀建筑师立意构思出众，表现技巧也出众，如大家熟知的莱特、鲁道夫等。国内建筑舞台上也不乏"唱、念、做、打"无一不精的全才。

• 言情

前几年，听到这种评论：我们这个专业发育不健全，理论游离于实践之外。从事建筑创作的不去涉足理论，写一篇介绍建筑作品的文章，简化到用表格也能表达的地步。于是被批评为"有建筑无学"。理论性文章，洋洋古今中外，又不涉及具体的建筑创作，被说成是"有学无建筑"。

每个建筑师在长期的创作实践中，都从他们所处的环境和所遇到的矛盾中，去认识、理解建筑创作，走出一条自己的创作道路，甚至形成自己的风格和学派。黑川纪章在日本建筑界是一位在建筑创作和理论研究上都取得了卓越成就的建筑师。他的每一件作品，都在理论上给予规律性的总结，并统统纳入自己的理论框架——"共生的思想"之中。

让社会能了解他构思的来龙去脉，进而能够更深刻地理解他的作品，接受他的作品。建筑师除有良好的形象思维的素质之外，也应具备良好的逻辑思维的素质。两者相辅相成，有益于与社会和同行的交流，也有益于创作水平的提高。

建筑本来就是一门社会性极强的学科。建筑师的素养不能只拘泥于建筑学专业本身，也要从相关领域的学科中，去了解社会，了解生活。学识广博是许多优秀建筑师共有的素质。已故童寯先生，不仅是一位著名建筑师，也是一位学贯中西，涵盖古今的大学者。他长于用作品说话，也善于用文字表达。在建筑创作活动中，如果建筑师确实心有所得，情有所感，用图面和文字同时去解释他的作品，将十分有益于建筑师自身的成长。

四、潮流与现实

建筑学是个古老的专业，源远流长。但若将几千年的建筑历史与人类进入工业社会几百年来的建筑发展相比，真可谓"不可同日而语"。工业技术的发展也带动了这个古老的学科，虽然说不上一日千里，但舞台上的场景和人物的变化比原来快得多了。

70年代末期，现代建筑刚刚在我国"正名"，后现代的作品和思潮又在中国登陆。建筑界对文脉、语言、符号之类的问题争论方兴未艾之际，在马路上能看到几栋似是而非的后现代建筑的时候，解构主义又登场了。有人说，现代建筑产生的背景是强调物质价值的工业社会。进入信息社会之后，单纯强调物质价值已不能满足公众的要求。似乎现代建筑已经完成了它的历史使命。但是，卢浮宫广场上那座玻璃金字塔的成功，东京国际会议中心竞赛中那个极富现代主义风情方案的中选，似乎又推翻了上述的论点，现代建筑"死"后生还！于是，又有人断言："后现代已经走完了它风格主义的全程，在很大程度上已被解构主义所代替。由于本质上相同的原因，解构主义也将很快地退出历史舞台。"①这也许是多元化时代的惯有现象，而对于我们来说，似乎面临着选择的困惑。

信息时代能够给我们带来诸多的信息，来自域外的各种建筑思潮给我们以启迪，使我们从中吸取许多有益的东西。但任何一种建筑思潮自有它产生的时代背景和社会条件。"当初，现代建筑运动兴起之时，人们共同面对的社会现实是：产业革命以来的工业城市劳动阶级恶劣的居住环境。问题又回到了建筑为谁服务的原点。现代主义的理想，人道主义，社会性，其基础是公众所面临的社会现实"②。那么，与此同理，后现代和解构主义思潮的产生，也是基于当时当地的社会现实。建筑作品是要立地生根的，建筑创作总是要立足于当地社会的时空背景之中，不能不受地域的经济和文化的限定。建筑

---

① 历史的解读与误读，D.A史佩斯，南方建筑，1991年1月。
② 建筑を呼び戻すことにフ～て，大谷幸夫，新建筑，1990年10月。

创作活动也应该以此为背景展开构思。工业先进国家的新兴建筑思潮和理论，只能作为参照物供我们借鉴。置身世外、闭门造车的时代已经过去了。随时接收来自域外的建筑信息，洞察世界的建筑发展趋向，是有益的，也是必要的。问题在于取舍和选择，"择其善者而从之，其不善者而改之"，借以推动自身的建筑事业的进步。归根结底，建筑创作是为人们提供一个经营生活的场所，而不单是形态的操作。

"开卷有益"，多接收新的信息比闭目塞听好。社会越是进步得快，流派更迭的也就越快。主动地去理解和分析它，比被动地跟着走好。否则，我们总是处于各种新兴流派的启蒙状态之中，难于走出一条自己的路。安藤忠雄在他回顾世界各种建筑思潮、流派对日本的影响时写道："近20年来，在各种建筑思潮的起伏涨落之中，我想再问问，给人留下的令人感动的建筑是什么？与其从抽象的立场出发，莫如通过自身对建筑问题的理解，在新的起点上去发展建筑"①。

流派的不断产生和消亡是永恒的，建筑创作总离不开它面对的社会现实。对于新兴的建筑思潮要保持敏感，也要以一种冷冷自用的态度去选择，"任凭弱水三千，我只取一瓢饮"。

---

① 建筑の周边から，安藤忠雄，新建筑，1990年8月。

访古拾零

张锦秋

五台山佛光寺

1981年5月，为西安青龙寺第一期工程（空海纪念碑院）设计做业务准备，我们设计组男女老少9人进行了一次古建筑学习调研。此行主要目标是山西五台山的两幢千年唐殿——南禅寺大殿和佛光寺大殿。

在太原借汽车无着，我们决定乘公共汽车分段而行。5月8日，黎明即起，6时出发，约中午12时到达东站。为了从这里去南禅寺，我们就便投宿于

张锦秋，1960年清华大学建筑系毕业，1966年清华大学建筑系研究生毕业，中国建筑西北设计院总建筑师、教授级高级建筑师。

东站汽车站。午饭后由此搭公共汽车直奔南禅寺。南禅寺大殿果然名不虚传。它是我国现存最古老的木结构建筑，建于公元782年（唐建中三年）。虽然只是个三开间的殿宇，但造型端丽，结构简洁，是典型的唐式建筑。平缓的屋顶、深远的挑檐、舒展微翘的翼角、简明受力的斗栱、侧角的木柱、升起的梁枋、高昂的鸱尾、两端升起的叠瓦屋脊、又手、直棂窗……我们这一伙就像小学生认字一样，逐一识别。以前从书本上学得的抽角概念一一得到印证，我简直心花怒放。唐代建筑如此洒脱地展现在我们眼前。有限的时间不允许我们在那里仔细欣赏、体味。很快即按照分工，摄影的摄影，测量的测量。我们不仅要带走它古老而又清新的形象，还要掌握它一系列相关的数据。既要定性，又要定量，这样才能得到比较扎实的设计参考资料。由于南禅寺其他建筑均非唐构，所以整整一下午我们都围着这一座大殿忙碌。结束工作时已夕阳西下。返回东冶的班车已经没有了。大家带着丰收的喜悦，徒步1小时又35分钟回到东冶车站。晚餐时，车站食堂的炊事员热情地为我们供应了一顿刀削面。

9日晨7时3刻我们告别东冶，乘公共汽车去阎家寨。一路上，汽车在干得尘土飞扬的山路上盘旋。但就在快到目的地前，老天不作美，竟然下起了瓢泼大雨。我们就近到农村生产大队部避雨。12点半，雨势稍减。听老乡说，佛光寺就在前面那座绿茸茸的山里。大家迫不及待地决定冒雨登山。正当我们在上山的陡路上被行装、资料、相机压得气喘吁吁而又不愿稍事休息时，山回路转，佛光寺的山门豁然呈现在我们面前。厚重、硕大的山门向我们预示着这是一座远比南禅寺要巍峨得多的寺院。顿时一路的疲劳消失殆尽。快步进入山门，我被眼前的景观凝住了。我第一次看到这样古朴恢弘的寺院。由于山势地形的关系，寺庙坐东朝西。前面是20多米进深的前院，有名的金代建筑文殊殿处于北配殿的位置。相对的南侧没有屋宇而仅是一道砖墙。院子尽头是一重高台，台上南北二侧有对称的厢房。其正西是一排券洞式的平房，正中一孔大券洞内是通宽的石级，直通第二重高台。高台上挺立着一对茂密的古松。在它们浓荫掩映下屹立着巍巍大殿。啊！这就是梁思成先生多次对我们讲述过的那个佛光寺大殿，那出檐深远、斗栱宏大的国宝。一种神圣的感情油然而生。这是我学生时代就仰慕向往的所在，20多年后的今天我终于登门造访这座不朽的殿堂了。

一位法号湛瑞的法师接待了我们。当他知道我们是为修青龙寺而来取经时格外热情。他说："你们修庙真是功德无量，一定子孙万福。"我们一行9人被作为寺庙的贵客分别安置在第一层高台的南北厢房住下。按照计划，我们在这里只能停留两天半。年轻的小姜、小刘找来了木梯，他们不仅测量了外檐的木构尺寸，还上房测了屋脊、鸱尾等尺寸。大家摄影、速写、作笔记，忙得不亦乐乎。湛瑞法师看见大家工作那样认真，特别当他听说我是清华大学建筑系毕业的学生时，高兴地告诉我，他是梁思成先生在此发现唐代建筑的见证人。他说，1937年他还是个年轻小和尚，亲眼看见梁先生一行骑着毛驴来到佛光寺。是他去为他们牵毛驴、卸行李的。湛瑞法师指着我们女同志住的北厢房说，梁先生他们就住在这排房子北边的后院。他形容了梁先生和林徽因先生、莫宗江先生、纪玉堂先生如何爬高下低艰苦工作。他说："是梁先生他们发现、鉴定了这座大殿是唐代建筑，这个功劳可不得了。他们是了不起的专家呀！"说到这里，法师苍老瘦削的脸上显露出一种光辉。"从此以后我们这个佛光寺才有了名气，才受到重视，国内国外来看的人可真不少。"他还高兴地告诉我前几年莫宗江教授曾带领年轻人来佛光寺。他感慨地说："莫先生也见老了。"暮色降临，皓月当空，我独自一人在群山环抱的寺院内徘徊。万籁俱寂，只听见有轻轻的木鱼声和吟诵声。我踏着月光循声走去，但见空荡荡、黑沉沉的文殊殿中闪耀着微弱的烛光，湛瑞法师独自一人在诵经。据说这是他每晚必作的功课。这时，我深深感佩法师是个有虔诚信仰的人。一个人有高尚的情操，有明确、坚定的目标而又能为之终生奋斗，就是幸福的。这样的人会不畏艰苦、不惧孤寂。当年，梁思成先生夫妇二人从大洋彼岸回来，为发掘和总结祖国的传统建筑遗产而奔走于荒山野岭之间不是很神圣、很幸福的吗？建造佛光寺大殿的匠师们，如果知道他们的劳动成果在千年后还焕发着强大的吸引力，又该如何自豪呢？

5月11日下午我们与湛瑞、悟心等三位法师合影留念，晚饭后又前往法师处告别。第二天黎明起

佛光寺

身，5时正坐上预约好的大车出发前往豆村，然后由那里转乘公共汽车经五台县向台怀进发。

敦煌莫高窟

大漠一展无垠，夕阳轻洒余晖。唯有一尊方形土塔矗立着，是它使这单纯得不能再单纯的视野有了画意。徐徐下沉的落日不像往常诗人们形容的那般色彩绚丽，而只是泛着淡淡的、微弱的白色。在这万籁俱寂的时候，我独步在鸣沙山上，举世闻名的敦煌莫高窟就在我的脚下。在这里回顾着几天的工作。我得到保管所的惠待，每天由王师傅为我打开预约的若干洞窟。我可以一个人自由自在地在窟内参观、琢磨、勾画、记录。我一旦置身于这座积累了1600多年的宝库，真有头昏目眩、应接不暇之感。凭借着借来的大口径电筒，戴上了那副平时看电影我才戴的近视眼镜，我在黑暗中摸索、寻觅。我本是为搜集唐代建筑资料而来的，但在这些洞窟里我首先感受到的是中华民族历史文化的脉搏。这些冰冷的洞窟、凝固的像、斑驳的壁画散发着如此震撼人心的艺术之光，表达着如此强烈的民族感情、笼罩着如此虔诚的精神信仰。想把一切都装进脑子里，记在本子上简直是痴心妄想。每离开一个洞窟时我都有"挂一漏万"的心情。自己的容量如此狭小，怎能包容得了这座万古流芳的艺术宝库呢？

莫高窟始建于公元366年，经过河西人民世世代代不断开凿，形成了栉比相连、长达1600米的石窟群。现存有塑像、壁画的洞窟492个，壁画5万平方米。据说，可布置成一个长达25公里的画廊。敦煌是我国古代军事重镇，是佛教传入中国内地的前哨，是丝绸之路南北二线的交汇点。由于种种历史背景和原因，这里就出现了名扬海内外的艺术奇迹。莫高窟的意义远远超出了宗教艺术的范畴。它是一部史书，记载着从魏晋南北朝直到元代的许多重大历史事件和历史人物；记叙了古代丝旅贸易的场景；刻画了西陲争战的史实；表现了古代的风俗民情，乃至音乐、舞蹈、城市、建筑、衣着、服饰……说这些壁画不是艺术家的信手之笔，而是史实的具体写照，是有根据的。吐鲁番阿斯塔那墓出土的当年运往海西的图案织锦实物竟与莫高窟中所画很多佛像袈裟和菩萨衣群的"联珠飞马纹""联珠狩猎纹""菱形团花""棋格团花"等图案锦缎无异。难怪与我同时住在莫高窟招待所的客人中有研究音乐史、纺织史、美术史等各方人士。敦煌建筑研究专家萧默同志当时也正在那里撰写他的巨著。

虽然保管所规定不许在窟内拍照，使我不能广泛搜集资料，但是对于我最感兴趣的部分，我可以徒手速写记录下来。一双手同时担负着拿速写本、执钢笔、打手电等多项任务，确实把它们忙得不可开交。洞窟内的建筑是画不胜画的。几乎所有的佛像、经变、传统神话无不处于一定的建筑环境之中。由此我不禁自豪起来：无论古今、无论人神都离不开建筑。它作为人们的活动环境无处不在。建筑师的工作因此而意义重大、丰富多彩。

几天来进出于琳琅满目的洞窟，看到佛教这个原本来自印度的宗教是多么明显、多么自然地被中国化了。无论佛像还是供养人乃至飞天的形象都从印度、中亚风而转为中国风，并进而从西域型渐变为中原型。洞窟壁画上的建筑、陈设、服饰、装饰纹样都明显地显示出东西方文化艺术的交流与融合。璀璨、恢弘的敦煌艺术表现出它生机勃勃、博采各国之长的包容性。我们的祖先就是开放的、善于吸收的……

嚓、嚓、嚓的流砂声把我从沉思中惊醒。那是两位游人也来到这里捕捉鸣沙山的黄昏。一位少女陪伴着一位长者，像是父女二人。姑娘似乎看出我也是个好游者，便热情地和我招呼，并问道："你看过画工洞吗？""在哪里？""就在北边河道的西岸。人家说古代石窟的画工就住在那里。"

于是，第二天，也就是我在莫高窟停留的最后一天。披着朝霞晨风，带着相机和速写本，我沿党河东岸北行。隔河望去莫高窟在西岸的鸣沙山陡壁上一字排开，我像是在和它们一一告别。窟区以北就是秃秃的山壁。继续前行，我看见山壁上出现了大片斑斑黑点。当我走到这片山壁正对岸时才看清楚，原来那些黑点是一个个洞穴。就是它们！这就是"画工洞"！据说，敦煌的工匠们长年在洞窟中雕凿着、塑造着、描绘着他们的理想和信仰，每天晚上就回到这些直不起身的洞穴中就寝。日复一日，年复一年，就这样创造出了东方艺术的宝库。我停立着，凝视着，眼睛模糊起来。我想数一数有多少洞，但哪里数得清啊！是穴居在这里的"卑贱者"创造了莫高窟的文明。他们是被迫的？还是自愿的？我不知道。但我坚信，莫高窟内那些充满生机的艺术品必然出自满怀创作热忱和虔诚信仰的人。我们的祖先为我们留下了不可泯灭的艺术之宫。那么，我们又能为后代留下什么呢？在党河畔我徘徊了良久，良久。

217北壁

西安碑林

　　世上有百去不厌的场所吗？有，西安碑林就是
这样一个去处。这是一座灿烂的石刻艺术宝库，

向来以碑石精英而驰名于世。我到这里究竟有多少次，连自己也说不清楚了。可是每去一次，总是多多少少有新的收获。

西安碑林中保存的历代碑刻凝聚着我国古代许多书法艺术大师的心血和才华，具有巨大的艺术价值和文物价值。我国的书法源远流长，有篆、隶、真、行、草多种书体，百花齐放而经久不衰。每当我徘徊于碑群之间，在一块块名碑前不禁肃然起敬。仅就真书的艺术风格观之，每个时代都有所不同，就在一个朝代之中也是风格各异。欧阳询体以点画精细、结构端庄劲挺见称于世。虞世南的书法则"得大令宏观""若行人妙选，罕有失辞"。前者外露筋骨，后者内含刚柔。褚遂良的书体兼收欧虞两家之长，而又独具风格，不为前人束缚，以疏瘦劲炼著称。在碑林中颜真卿的书法很多，真可谓一碑一貌，面目各异。加以对照，可以看出一个书法大师的艺术发展道路。《颜氏家庙碑》书法造诣达到炉火纯青的地步，丰美健壮、气韵醇厚，成为颜体的代表作。而那时颜公已垂垂老矣！与颜真卿一起开创了我国书法艺术史上一代新风的柳公权有"颜筋柳骨"之称。他的代表作之一《玄秘塔碑》用笔果断、结构紧劲、神韵刚健，那是我孩提时学习书法的范本。如今年过半百，站在这通螭首方座，三米多高的巨碑面前，不由得想起了我习字艰难的少年时光。

每一次学习碑林的书法都引起我许多联想。书法大师的为人处世无不勤奋好学，刻苦求精，锐意求新。偶尔也联想到我们为之献身的建筑艺术。建筑布局如同书法的间架结构，都是空间艺术。建筑风格如同书法的神韵。建筑处理如同书法的用笔。如果我们建筑师也能像书法家学习书法那样学习传统建筑，掌握它的空间构图、造型特点、神韵风格，从中提炼概括出一些带有规律性的东西，进而创新，那么，十几年、几十年积累下来，我们从传统之中是可以获得更为丰厚的果实，并进入新的境界。

碑林的石雕也是十分杰出的。可惜的是展厅太拥挤，连合理的观赏距离都保证不了，更不要说艺术效果照明了。那一年，我设计阿倍仲麻吕纪念碑，第一次想要在设计上表现具有唐风的雕刻。我便来到了碑林石刻陈列馆。这里唐代珍品中的佛像、昭陵六骏及许多莲座都充分反映出唐代石刻丰满圆润的特色。为了能多看一些，我又转到了碑林的偏院。在一个隐蔽的小院里，我看到露天堆置着许多石刻。有无头的佛像、残缺的石兽，更多的是形形色色的佛座和柱础石。也许是因为它们残破，或许是因为它们受到显然不公正的待遇，我竟感到它们焕发着比展厅中的珍品更为古朴淳厚的艺术芳香。我看到那些唐代佛座上的莲瓣竟是如此硕大、丰满。花瓣圆润肥厚，瓣尖微微翘起，活脱是鲜美的莲花，但它们是石质的。同是莲座，艺术处理又各不相同。有图案单纯的，有丰富变化的。然而，它们的风格却是相同的，这相同的气质大概就是唐风吧。我似乎感受到了什么。于是，我拿出钢卷尺一一测绘了它们的尺寸，画下了它们的图形。这种对唐代莲花覆盆的感受，后来在敦煌壁画上又得到了验证。

为了更深入了解、掌握唐代图案的特色，我还得到碑林博物馆的特许进入文物库内调看李家村出土的唐代金银器。这些稀世珍品虽有一千多年的"高龄"，但仍金光璨璨，宛如新作。一次只能调出一件，我看完画毕，再换出第二件。我沉浸在探宝的喜悦之中，简直被那些栩栩如生的图形陶醉了。银地金花的器皿堂皇而素雅，金器则富丽辉煌。蔓花纹样枝条柔美，每个叶片的脉筋与叶尖的曲线都与之处于同一动势之中，似随风飘摇，似水中荡漾。成对的鸳鸯有的同向静立，有的相对展翅，似欲同飞。就在那薄薄微凸的厚度中竟刻画出如此丰满、多层次的羽毛。盘底的金龟似可脱出，金熊昂首颇具动态。就在这些小小的器皿上我看到了唐代艺术的勃勃生机和高度纯熟的技巧。虽然过去我见到过这些金银器的照片，但当我面对这些珍品时，才真正享受到它们内在的美。由于现代摄影技术和印刷技术的发达，许多人过分相信这类资料的真实性。其实纸面上的东西往往没有尺度、没有空间、缺乏质感、色彩亦不尽准确。所以，后来对许多艺术珍品我宁愿多花代价也要一睹真品为快。

就个人爱好而言，我更喜欢的是汉代石刻。碑林石刻艺术馆内每一件汉代石刻艺术品都具有强烈的震慑力——它们太有气势了。昆明池的石鲸，长

东汉石虎

约5米，圆形断面，中间粗两端细、呈梭形。表面除了石材纹理别无雕饰痕迹。汉代石虎昂首挺胸呈阔步行走之势，造型简洁，轮廓流畅，没有多余雕凿痕迹。汉画象石是另一别开生面的艺术品类。其表现手法之简约超过了其他任何雕刻形式。仅仅利用毛面与光面的互视构成图案效果，所有图形呈剪影式。画象石的题材各有不同。拙朴的农耕，欢乐的狩猎，疾劲的飞禽走兽，奔腾的水浪，飞翔的流云……所有这一切都构成了一种强烈的感染力，似青春少年的虎虎朝气，似早春万物的勃发生机，使人豁然心动、神驰天外。从汉代石刻我看到了一个开拓、建树、蓬勃的时代。每当我看到这些古拙的艺术珍品就不由得联想到与之异曲同工的许多现代雕塑。人们常说："返璞归真"，这是否也是一个规律呢？应该说，艺术的发展并不像科学技术那样永远是今胜于昔的。中国的建筑艺术与雕刻艺术都从汉唐的雄浑、质朴转向了明清的华丽、繁缛。以希腊、罗马建筑与雕刻著称的西方艺术不也是到了

17～18世纪走向了"巴洛克""洛可可"之风吗？艺术的技巧、技术手段是一回事，艺术的品位是另一回事。这就是一些具有现代审美意识的艺术家为什么要到传统艺术中去寻求灵感或借鉴的原因吧。

留给人间一片真情

赖聚奎

有人类历史，便有建筑，建筑总是伴随人类共存。人类社会的发展，不断充实了建筑哲理，形成了人类社会最古老的学科——建筑学。建筑社会实践，孕育出千千万万建筑匠师，成为推动社会进步、造福于人类的一支大军。

在建筑发展的历史长河中卷起了多少理论漩流。不同历史时期，不同社会形态，不同地域环境，不同民族习俗，产生了不同的建筑内容与形式。古往今来，建筑学家、社会学家、历史学家、哲学家、艺术家，从不同角度和观点对建筑的论

赖聚奎，1961年南京工学院建筑系毕业，东南大学建筑研究所副教授。

述，足以汇成百卷。无论何种立意新异的学说和立论奇特的流派，都是历史进程中人类对建筑的理解；又不都是放之四海皆准的金科玉律。任何一种建筑观都无法统领建筑大千世界。任何时期，无论建筑师自己有何主张和喜好，建筑世界总是琳琅满目。建筑学始终在学说的争论中，充实完善，不断前进；建筑师始终在流派争议中互补互益，不断提高。随着时光的流逝，建筑技术的发展，建筑思潮的更迭，建筑学又翻开了新一页，建筑师又迈向新的征途。

建筑学的真谛，仍是以物质和情感来表达人类自身哲理的一种生活方式。历史上产生的庙宇、教堂、神殿以其极大的物质和情感作为社会的需求和人类对自然现象顶礼膜拜的一种社会与个人的精神寄托，而那些官邸、王府、宅院则是社会物质拥有者为炫耀自己的社会地位和表达自己生活欲望的方式。人类生活方式，随着社会进步和物质文明而变革，催促了建筑的新陈代谢。建筑学的每场革命，都促使人们自觉或不自觉地去适应新环境下的社会生活方式。社会成员的生死观、苦乐观、美丑观、荣辱观又给生活概念带来不同的理解和追求，建筑则成为利用物质手段去表达这种理解和追求的具体体现。因此，建筑学刻下了社会、历史、地理、文化、民族的客观烙印，又渗透着人类主观情感和灵魂，建筑创作是一项十分复杂的社会实践活动的全过程。它涉及社会与自然、客观与主观、物质与精神，包含着人文科学、社会科学、技术科学，是一门综合性的学科，也是一门"情感科学"。

建筑师正是从事这样一门学科的人，建筑师怎样才能不负社会赋予的寄托，带给人间日益美好的生活环境，使自己的建筑创作缩短主观认识与客观世界的距离，既尊重自然规律和艺术准则，又善于利用自然规律和艺术准则去改造自然并发掘新的艺术表现力，创作出人类社会寻求的物质和精神的理想境界。这就是建筑师的崇高社会使命，也是历代建筑学家奋斗的目标。

　　建筑师，最难得的是综合科学思维力和判断力。这要求建筑师不但要掌握本学科体系的理论原理，精通工程技术，还要不断充实旁系学科知识，了解社会形态，熟知历史文脉，懂得环境感应。博学才能多才，万物皆备于我。所谓建筑师的灵感与敏锐，出自知识的渊博和技艺的精湛。建筑创作才能在错综复杂矛盾的之中，做出明智的、富有胆识的抉择。建筑是科学集体智慧的结晶，建筑师则是科学集体智慧的代表者。

　　建筑师，最有力的语言是他的作品。建筑作品全面反映出建筑师所期待的目的，也是沟通建筑师与社会对话的重要渠道。用自己的作品经受社会实践和历史岁月的检验，才是获得真理的唯一标准，实践才能出真知，在实践中找出有益的启迪，深化和巩固对建筑理性的认识。建筑师离开社会实践活动，必将失去存在的价值。建筑是社会实践活动过程的结果，建筑师则应成为推动社会发展和服务于社会的社会参与者。

建筑师，最不能忘记社会经济基础。社会学家视建筑为"经济制度和社会制度的自传"，建筑创作脱离所在的国情、地情，势必一事无成。忘记社会经济，建筑师只能把自己堕入图纸的奴隶，线条的仆人。无论是在今日经济发达的国家和地区，还是我们未来进入富裕社会，经济基础始终是建筑创作的起点和归宿。建筑是时代的物质产物，建筑师必须是牢固地扎根于社会经济基础之中的历史唯物论者。

对建筑师说来，最珍贵的是具有深厚的艺术素养。爱美之心人之天性，没有美的建筑，世界也许是暗淡的。人们把建筑看成为"泛艺术""大众艺术""艺术之母"，它带给人们不单是外部实体的视觉享受，而且向人们展示内在的精神需求，以一种凝练和永恒的力量把人们引向崇高，唤发起大众对未来的向往和追求。建筑是人类社会宝贵的物质艺术，为创造人类美好环境，建筑师要做敢于敲"艺术王国"大门的挑战者。

建筑师，要放眼世界，面向未来。人类已进入快节奏、高频率的现代信息社会，新型的人类社会生活方式，告别了历史上封闭的、滞缓的建筑文化。催化了建筑文化交流渗透，加速了更生周期，一切新科学、新思潮、新信息才有助于新观念、新价值、新文化的发展，我们民族的建筑文化才能立于世界之林，我们的建筑师才能列入世界之册。建筑是人类共同拥有的财富，跟上时代步伐，共创人类文明，建筑师应永远不安于现状，做新事物的孜孜不倦的开拓者。

建筑师，……

如果，建筑师的修养有百条千条，热爱人民，热爱生活是其中最根本的一条。建筑始终是人的建筑，建筑创作从来都环绕着人与建筑、人与环境、人与人之间关系；建筑创作，源于生活，高于生活，创造生活。人对建筑是有情感的，这种情感也来自生活，来自建筑对人的尊敬与关怀。建筑师创造的建筑文化已成为人们读懂的建筑情态词了。建筑师只有将自己的命运融化于社会和人民之中，用自己的才智和汗水留给人间一片真挚的爱心，就会产生强烈的责任感和道德感，有了崇高的精神境界，高尚的思想情操，才能以最大的激情和毅力投入社会，与人民共忧乐，思人类所共思之题，创人类未创之业，解人类未解之谜。爱人民，爱生活是建筑师成长的土壤，智慧的摇篮，信心的力量，前进的风帆。建筑师不是荣誉的封号，建筑师属于人民。

建筑创作永远是探索者的世界。懒于探索势必只能成为庸人，建筑师不要满足于做建筑历史的同路人，而要做不屈不挠的探索者。探索是艰辛的里程，探索不等于成功。建筑史上留名的大师巨匠，毕竟是少数，他们是各个历史时期千万个探索者的杰出代表。然而，历史不会遗忘那些为推动建筑事业发展，在探索之路上历尽沧桑的无名铺路人，历史也不会忘记为通向未来建筑的桥梁上的每颗螺丝钉。

　　十分庆幸自己所选择的职业，步入建筑殿堂，从事建筑教育和建筑创作研究。几十年来，深深地感到建筑师贵在实践，勇于探索。以祖先的大地为家，以民族的文化为脉，不做无根的漂泊者，就会受到自己人民的爱戴和社会的敬意。想当年，武夷山风景区艰苦创业的年代，建筑师们怀着一颗赤诚的心，踏进刚从荆丛中劈开的武夷之路，大家不论职位高低，不分年岁大小，为装点祖国河山，足迹留遍武夷山山水水。建筑师们辛勤耕耘，在碧水丹山中培育出"乡土蓓蕾"，飘散出"时代芳香"，获得国内外人们的好评。我国著名作家刘白羽先生写下《赞武夷风格》散文发表在《瞭望》杂志上（1985年1月）。一赞建筑风格，二赞建筑家风格，这种风格正是大自然之美、建筑之美与建筑师的心灵之美所融为的武夷风格。他赞建筑师"默默无闻，锲而不舍，一点一滴，艰苦奋斗。我们能不向他们深深致谢吗？""使苍苍群山，潺潺流水，充溢人的心曲，在人们心灵中留下诗，留下美，留下爱。"这就是建筑师的精神。

　　建筑师在创作的道路上都会留下几处印迹，有大有小，有深有浅。天地之大，只是一粒小尘化身。"人生到处知何似，应似飞鸿踏雪泥；泥上偶然留指爪，鸿飞那复计东西"，苏轼的诗句不正是建筑师应具备的洒脱心境吗？想起我国建筑界德高望重的童寯先生，生前要以"雪泥鸿爪"作为他画选封面的设计主题，老先生开阔胸襟我铭记心中。"雪泥鸿爪"只是往事的沉积，留恋过去，意味失去未来。一阵风，一阵雪，又会变得白皑皑的一片平平雪海，又何奈去计较苦与乐，东与西，又何苦流连成功的陶醉和失败的懊丧。建筑师一项创作，一个足迹；建筑师一个作品，一个台级，用一个个台级构筑成通往人间理想天堂的阶梯，这才是建筑师坦荡胸怀。

　　冰雪消融，大地回春，建筑师迎来了改革开放的春天！我们的先辈，以卓越的建树，建立起璀璨的华夏建筑文化，以高超的建筑术，创造出闻名于世的中华古代建筑艺术，在人类建筑史上谱写下光辉的篇章，古老的中华大地期待着建筑文化的伟大复苏。也许我们这一代建筑师是匍匐于大地播种的耕夫，然而，只要洒尽真情的种子在人间，我们未来的一代建筑师终将迎来破土发芽百花盛开的新纪元。

1991年4月于南京

图书在版编目（CIP）数据

建筑师的修养／张镈等著. —北京：中国城市出
版社，2024.6
（建筑大家谈／杨永生主编）
ISBN 978-7-5074-3719-5

Ⅰ.①建… Ⅱ.①张… Ⅲ.①建筑学—基本知识
Ⅳ.①TU

中国国家版本馆CIP数据核字（2024）第112194号

责任编辑：陈夕涛　徐昌强　李　东
书籍设计：张悟静
责任校对：王　烨

建筑大家谈
杨永生　主编

建筑师的修养

张镈　等　著

＊

中国建筑工业出版社、中国城市出版社出版、发行（北京海淀三里河路9号）
各地新华书店、建筑书店经销
北京锋尚制版有限公司制版
北京中科印刷有限公司印刷

＊

开本：787毫米×1092毫米　1/32　印张：7　字数：93千字
2024年6月第一版　　2024年6月第一次印刷
定价：**48.00**元
ISBN 978-7-5074-3719-5
　（905039）